李德华&罗小未
设计教席系列教学丛书

LI DEHUA & LUO XIAOWEI
Guest Professorship Book Series

宅城笔记
THE DWELLING DIARY

MVRDV同济教学实验

王一 董屹 叶宇 编著

同济大学出版社 TONGJI UNIVERSITY PRESS

中国·上海

CONTENTS
目录

序言

上海独居

都市的独处生活

亘古以来，人类社会起源于人与人共同生活的意愿，这种意愿使人们自发地聚集在一起。然而，现代生活带来了新潮的生活方式和新颖的社会组织。过去的半个世纪，人类在不知不觉中开启了一项非凡的实验。历史上从未出现过如此数量庞大的独居人士 —— 他们处于不同的年龄、来自不同的地方、拥有不同的政治信仰。直到二十世纪下半叶，绝大多数人的生活依然循规蹈矩：年轻时结婚，直至死亡将彼此分开。如果年轻时配偶过世，人们通常会很快再婚；如果年老时一方先离世，老人会搬去和亲人一起生活，或者亲人来到老人身边。如今，人们的居住状态发生了明显的变化：人们结婚的年龄变大了，离婚后几年甚至几十年都保持单身，配偶去世后也尽可能避免与他人共同生活，甚至也不愿意与孩子共同生活。

这种现象不仅发生在西方国家，同样也在上海这样的亚洲大城市里滋长。这背后除了人口，经济也是一个重要的因素。由于城市的房价持续上涨，寻找一个合适的住所变得越来越艰难。能在合适的地段找到理想的房型是件极为奢侈的事情。随着大城市的房屋单价在不断攀升，家庭平均人口数量的日渐减少，城市住宅面积一直在收缩：小一点，更小一点，再小一点。然而大多数现存住宅在设计之初并未预料到当代的需求。因此，人们亟待新式住宅类型的出现。

为了回应这一期待，我们的教学课程专注于解决这个涉及城市规划、混合用途建筑和住宅建筑的紧迫问题：聚焦都市独居人群，研究未来城市住宅的可替代方案，并且将独居的生活方式融入城市的现有建筑和新建筑中。

然而，现代生活的矛盾之处在于，虽然有越来越多的人选择了独自生活，但人们仍保有着相互交流的愿望及见面的需求。因此，这个课程也将独居和共居并存的可能性纳入研究对象，研究人们从独自生活到参与社交的转变过程，探讨人们从独居于小世界到进入社区交际环境的行为模式。

我们认为，社会需要将独居化和集体化这两个极端情况融合在一起，并形成新的住宅类型学。

学期伊始，我们向同学们提出的第一个问题就是：以上海今天和未来的城市文脉为背景，什么样的住房是人们想要的、需要的，我们又该如何实现它？每个学生都采访了一些独居人士，以此来了解在上海独自生活到底意味着什么，独居者对住宅有什么样的期待，以及如何将他们的期待转化为户型图（设计一个“独居”）。这些为独居者设计的户型图将同普通户型图合并成一个户型资料库，作为此次项目的设计指南。

最终，我们以浦东的一个地块为案例进行了研究，要求每个集体住宅的设计中都必须包含公共功能，将住宅建筑与城市和社区连接起来。在这本作品集中，可以看到建筑的公共空间和私密空间以各种不同的方式进行结合，为人们在城市的居住状态提供了另一个具有可行性的选择：独居亦共居。

课程过程

2017 年春，我们收到同济大学建筑与城市规划学院院长李振宇教授的邀请，希望MVRDV在同济大学建筑与城市规划学院开设课程，对此我们深感荣幸。

作为同济大学建筑与城市规划学院“李德华&罗小未设计教席”联合设计教学的第一个参与者，MVRDV与同济大学的教授合作，为中国学生开设一个为期 8 周的课程，我们兴致勃勃地接受了这个提议。不久，我们在学校的咖啡厅遇到了王一教授、董屹副教授和叶宇助理教授，并就课程大纲进行了讨论。我们对课程的形式进行了激烈的头脑风暴，大家分享了对教学实施过程的想法及其可能性，并且兴奋地交换了关于课程内容的观点和期望。

回顾过去，那次教学活动体现了同济大学建筑系和该课程的精神：在文化、学科和世代之间进行持续性的开放对话。简而言之，那是一次邀请我们共同思考和探索的难得机会。

一封充满探索精神的邀请函

当我们第一天走进教室，18 个学生整整齐齐地一排排坐好等待上课，那时的他们可能认为这将是一堂老师讲、学生听的研究生课程。而我们在思考该如何改变这种模式和角色？如何鼓励并充分授权，让学生成为主要的设计者？如何令教授们退居创意过程的管理者？

建筑史上，住宅在一直推陈出新。正如迈克尔·毛赞所说："住宅建筑的发展不仅是向技术和功能发起挑战…… 它涉及文化、社会、政治和城市问题。"我们希望学生们加入这个实验过程。

这门课程探讨的是一个位于上海浦东的混合用途和住宅项目，但是并不像学生想象的那样要求在混合功能建筑内做一个符合规范的住宅设计，而是要求学生们在上海浦东的文脉环境下，想象未来生活的可能性及其前景和局限性，探索能以何种方式提供一些新的东西来满足当前社会的需求，同时为此做出合理解释。

社会、文化、经济和技术的变化如何影响了我们的生活方式？这些变化生成了哪些新的环境、住宅类型和都市形态？我们能否通过想象各种极端情况下的可能性，来解决现实中遇到的类似问题？

一开始，对部分学生来说，这样抽象的任务是令人生畏的。但很快各个小组就接受了这个挑战，充满智慧的观察、探索和想法源源不断地迸发出来。

质疑精神

有时候，你不应只做别人让你做的事情，你应向他们展示你将如何做得更好。

对建筑师来说，批判性思维和好奇心是至关重要的技能。我们要求学生拒绝接纳任何浅薄的见解，永远怀存着质疑态度。

质疑意味着学生们需要挑战住宅设计的基本假设，并跳出给定的限制。未来的日常活动——比如读书、烹饪、吃饭、睡觉以及运动将是怎么样的——我们如何增强个人生活和集体生活之间的联系？人们如何开启沟通交流？

课程大纲只规定了课程的框架，设计的方向则由学生们自己敲定。开课后的两周内，每个团队都提出了一些看法。学生们建立起自己的思路，一方面是关于建筑如何回应日益增长的个人主义思想，另一方面则关注城市生活的集体性和联系性。这种教学形式可以有效检验学生预测未来的需求和趋势以及打破现有标准方法的能力。

具有逻辑性的方法论

当你看到这座建筑时，你看到的即是唯一可能的结果；没有其他可能。

成为一名建筑师，就是成为思想、目标、创造和现实之间的谈判者。

建筑的创作过程并不是线性的。课程上，我们同学生们一起参与这个迂回的设计过程，帮助他们理解建筑不限于传统的美学、材料和表达形式，它可以是深入社会、理性调查的成果，可以具有影响环境的力量。因此，如何将我们分析得出关于城市和社会的抽象信息转化为具体的形式？

现实的复杂性往往会使创造力瘫痪。在收集了可以在项目中发挥作用的全部信息之后，所有团队聚集在一起，他们互相询问“发生了什么？我们能做些什么？”之后学生们依次进行陈述，他们头脑中的空间形式开始与现实呈现出的信息紧密相关。建筑是这个过程中的最后一步。

可以交流的建筑

作为建筑师，我们通过建筑与外界交流，因此我们需要思考我们作品的意义，并使传递出的信息易于识别和理解，这将赋予项目独特的个性。

这是设计的一个关键点。我们对建筑的风格并不感兴趣，我们感兴趣的是与项目进行沟通的核心价值和切入角度，并使其体现在设计中。其中一个小组研究了传统住房和现代生活方式之间的联系，并向大家展示了这一点。

论证过程

设计绝不是随意的。该课程中所有能通过的方案都不是单纯因为好看或被大家喜欢。设计者需要为方案的功能和概念进行详细的解释说明。这种形式将带领学生们走出他们的舒适区，并开发他们的能力。

模型

模型使实验变得简单，并且更清晰地展示空间的品质。

学生们制作了几十个户型的模型，每一个模型都代表着一个特定家庭对空间的诉求。通过这种方式，学生们从多个角度考虑，设计出满足不同家庭需求的理想住宅：适合“空中飞人”居住的房子、电子游戏爱好者的居所、四代人共处的住屋、和树一起生长的屋子、快递员的住所，等等。学生们创造了一系列充满可能性的有趣模型。

学生们的模型同时检测了都市街区的理念。当我们把这些模型摆放在一起时，我们会发现这些位于相同地点的同一项目，不同的人设计出的结果大相径庭。这是一个非常值得注意的现象，有力地证明了学生们的创造力，并呈现出他们对项目的不同见解。

图解

清晰性和逻辑性是至关重要的。图解是一种用来传递项目本质的工具，以逻辑思维解释设计方案的形成过程。

课程中，学生们认真努力地把创意提炼成图解。经过一轮又一轮的改良，图解逐渐变得简单明晰。

欢迎来到鹿特丹

这也许是该课程中最受学生们喜欢的部分，MVRDV 非常高兴地迎来这群才华横溢、积极向上的年轻人来到鹿特丹。

学生们住在鹿特丹“市集住宅”旁的酒店，爬上了斯派克尼瑟的“书山”，参观了MVRDV 在阿姆斯特丹设计的住宅项目。他们走近荷兰建筑，体验了MVRDV 的设计。

课程展览在同济

同济的展览是此次联合设计教学成果的最精彩之处。极少的资源，最短的时间，学生们齐心协力打造了一个启发灵感的空间用以展示他们的研究成果，他们的表现展示了一种出色的团队精神。

活跃的微信群组

创造力和激情随时随刻都在生成。在微信群组中，大家 24 小时 7 天不间断地讨论和交换意见。即使在夜晚和周末，学生们也持续地在微信小组里分享他们的最新进展，董屹副教授和叶宇助理教授也给予了极大的帮助。

课程结束一年以后，我们欣然发现当初的微信小组仍然活跃，董屹副教授、叶宇助理教授以及学生们仍不时在群组中发表见解。

开放讨论将会持续 ……

—— 雅各布 · 凡 · 里斯 / 马韬

FOREWORD

SHANGHAI SOLO
LIVING ALONE IN THE CITY

Human societies have organized themselves around the will of living with others, not alone. However modern life brought new type of lifestyles and new societal organizations. During the past half-century, our species has embarked on a remarkable social experiment. For the first time in human history, great numbers of people – at all ages, in all places, of every political persuasion – have begun settling down as singletons. Before the second half of the last century, most of us married young and parted only at death. If death came early, we remarried quickly; if late, we moved in with family, or they with us. Now we marry later. We divorce, and stay single for years or decades. We survive our spouses, and do everything we can to avoid moving in with others – including our children.

This is not just happening in the Western world but in big cities in Asia, like Shanghai as well. Next to demographic, economic factors play a big role in this tendency. Housing prices have risen, and are rising, so it becomes more and more complicated to find an appropriate place to live. The desired type of unit is often not available, or not on the right location. Similarly, in most main big cities the average household sizes in cities are shrinking, which leads to rising square meter prices and shrinking apartments sizes. Small, smaller, smallest. However, most existing apartments were designed for different uses. There is a big mismatch in offer and demand. New typologies are needed.

The studio focuses on urgent issues of town planning, mixed use and housing to investigate alternative scenarios for the future of housing in the city, focusing on the urban singles. How this trend can be integrated in new and existing buildings in the city?

The paradox of our modern life is that while more and more people choose to live alone, natural need and desire of humans to interact and meet each other still exists. The studio investigates the coexistence of solo living and community enjoyment, the transition from solitude to sharing experiences, the move from the microcosm of a housing unit to the social environment of the housing block.

There is a need to bring together two extremities, the individual and the collective, into new typologies.

The starting question we asked ourselves during the semester was what kind of housing is wanted, needed and how it can be done inside the existing and future context of Shanghai. Each of the students interviewed somebody living alone, to find out what does it really mean to live alone in Shanghai. What their desires are and how they can be translated into a floor plan for the person (adopt a solo). These floor plans, together with more general unit floor plans, were combined into a catalogue of possible units that served as a handbook for the design process. As a case study, a site in Pudong was used where each collective housing design was asked to incorporate a public function, linking with the city and the neighbourhood. This resulted in a series of buildings that combined the public with the private in different ways, offering possible ways to live in the city, not just alone but together as well.

THE PROCESS

In spring, 2017, MVRDV was honored to receive an invitation from Dean Prof. Dr. Li Zhenyu to do a studio at the Collage of Architecture and Urban Planning of Tongji University.

It would be the first of a studio series of "Li Dehua & Luo Xiaowei Guest Professorship". The international practice would collaborate with local professors during an 8-week course for Chinese students. We received the idea with much enthusiasm. We soon met Professor Wang Yi, Associate Professor Dong Yi and Assistant Professor Ye Yu at the cafeteria of the school to discuss the framework of the course. It was an intense brainstorm about what the studio could be, a vivid share of ideas and possibilities on the process, and an exciting exchange of perspectives and aspirations on the content.

Looking retrospectively, that meeting reflected, from our humble perception, the spirit of the Collage of Architecture at Tongji University and the spirit of the course: an ongoing open dialogue between cultures, disciplines and generations. In short, an invitation to think and to explore.

An invitation to explore

When the first day we entered the classroom, 18 students sat orderly on the rows of desk, probably waiting for a master class which means the students listen and the teacher talks. How to change those settings and roles? How to engage and to empower the students to be the lead designers? Can the professors be just the curators of the creative process?

Housing has been a source of endless innovation during the history of architecture. As Michael Maltzan explained, "Its progress goes well beyond technological and functional challenges...It touches on cultural, social, political and urban questions." We want the students to be part of this path of experimentation.

The assignment was a mixed use and housing project in Pudong, but it was not housing a plan and a section of a mixed-use block in compliance under certain regulations and physics, as students may anticipate. Conversely, students were invited to imagine new ways of living and to discover their prospects and limitations, to explore in what ways they could offer something new, to make their own interpretations of the demands and needs of current society and to apply it to the particular context of Pudong, Shanghai. How social, cultural, economic and technological changes influence the way we live? What new environments, typologies, urban forms does it produce? Can we explore the possibilities and impossibilities of extreme scenarios and then confront them with the reality? The abstraction of the task was intimidating for few students at the beginning, but soon, the group embraced the challenge and turned into an explosion of intelligent observations, explorations and ideas.

Questioning

Sometimes you shouldn't do what you are asked to do, but show how you can do it even better.Critical thinking and curiosity are crucial skills. We asked the students not to accept anything superficially. Always question. This attitude implies to challenge the basic assumptions underlying the housing design and go beyond the given limits. How daily activities, such as reading, cooking, eating, sleeping, sporting will be in the future? How can we strengthen the connections between individualistic domestic life and collective city life? How can we start communicating with each other? The brief set the framework of the course but the students set their own direction. During the first two weeks, each team came with its own aspirations. They built up their own line of thoughts on how architecture can respond to the increasing desire of individualism on one hand and the collective and connected character of our city on the other hand. This was an effective method to prove the student's capacity to identify future needs and trends and to break away from the standard solutions of today.

The methodology of logic

When you see the building, you get the final result. It is the only possible outcome. You cannot see anything else.To be an architect is to be a negotiator between ideas, intentions, inventions, and the reality. The creative process in architecture is not lineal. During the studio, we worked with the students to tackle the circuitous design process with rationality, understanding architecture not as a conventional expression of aesthetics, materials and forms, but as a rational investigation into the social and environmental forces that influence our built environment. But how to turn the abstract information of our urban and social analysis into a concrete form? The complexity of reality can many times paralyze the creativity. After assembling all the information that can play a role on the project, the teams came together and asked "What happened? What can be done?" Then they followed a step-by-step narrative in which form is explained only in relation with the information it represents. The building was the final step of the pragmatic sequence. As what Prof.

Communicative architecture

We, architects, communicate through our work. This means that we need to think about the meaning of our buildings and to make that message visible and understandable. It gives an identity to the project. This was a key part of the design process. We were not interested in the style of the building, but in the core values or aspects that we could communicate with the projects, and to make them visible with the design. One group worked on the connection between traditional housing and modern lifestyle and they showed it in their work.

Argumentations

There cannot be arbitrary design elements. Nothing during the studio was approved purely because it looks good or somebody likes it. A defense of its functions and its conceptual appeal needs to be made. This took the students out of their comfort zone and exploited their intelligence.

The models

Physical models make experiments easier and shows the spatial quality more clearly. Students made dozens of models of housing units, each of which represents one spatial aspect of a particular domestic life. In this way students developed ideal units from multiple perspectives: the house for the flying man, the house for the video game lover, the house for four generations under one roof, the house with a tree, the house for the delivery man, and many others. They created a playful matrix of possibilities. Students also tested with models the ideas of the urban block. When we put them together, it was remarkable to see how different the projects were, while responding to the same assignment and being located in the same site. This proved the creativity of the students and showed the diverse perspectives they approached from the assignment.

The diagrams

Clarity and logic are crucial. Diagram is a tool to transmit the essence of a project and to tell the logical steps behind the design. During the studio, the students made great efforts to distill the ideas down to diagrams. Round after round the diagrams became simple and clear.

Welcome to Rotterdam

Probably this part of the studio was the one students enjoyed the most, and MVRDV was very happy to welcome such a group of talented and motivated young people. Staying in a hotel next to the market hall in Rotterdam, climbing the book mountain in Spijkenisse, and visiting housing projects in Amsterdam allowed them to get close to Dutch architecture and to experience MVRDV works.

The exhibition at Tongji University

The collaborative initiative of the studio culminated in an exhibition. With minimal resources and in very short time, the student created and built together an inspiring space to exhibit their projects. Excellent teamwork.

The ongoing Wechat group

Creativity and passion cannot be timed. Discussions and exchange of ideas kept on 27/4 in the Wechat group. In the evenings and in the weekends, the students shared in Wechat group their progress and latest updates, which Associate Prof. Dong Yi and Assistant Prof. Yu Ye followed with great dedi-cation. Still, at the date of today, after one year of the studio, it is beautiful to see the Wechat group remains active. Occasionally there are outputs from Associate Prof. Dong Yi, Assistant Prof. Yu Ye, and the students.

The open dialogue continues…

Jacob van Rijs, Marta Pozo

ROLLING VILLAGE

海港轶事

Zhou Xihui, Yao Guanjie, Sun Shaobai

周锡晖 / 姚冠杰 / 孙少白

相信我，我是一个诚实的人。尽管我将告诉你的故事并不容易理解，但这并不能成为质疑我人品的理由。我从来是一个正直的人，作息规律，每天慢跑一个小时，用支付宝付钱也一定要等老板确认到账后才离开。我说这些只是想让你相信我，相信这个故事。退一万步说，编出这么一个耸人听闻的故事，最后只落得被当作疯言疯语嘲笑一顿的下场，于我有什么好处呢？不，我并不是在质疑你的道德水准，我当然相信你愿意听我讲完这个故事，所以，也请你相信我。我一直是一个诚实的人。那天下午，吃过晚饭后，我顺着洋泾港向北，想到江边听听货轮的鸣笛声。我打小就爱听这个，这要拜一部叫《海港》的电影所赐，不知道你有没有看过？小时候我住在郊区乡下的一个村子里，不要说海港了，连稍微宽一些的河都难得一见。当时在乡下看个电影可真是不容易，难得放映员来了，几个刚长了胡子的哥哥就求着看《红色娘子军》，丢下我傻乎乎地等着有机会放一放《海港》。那戏里面好几个唱段我现在都还记得：

万船齐发上海港，
通往五洲三大洋，
站在码头放眼望……

上海港！上海港！你不知道小时候我有多想去那个地方！所以后来我搬到了这边，听说这儿原来也是一个码头，便总是忍不住幻想这里就是高志扬他们奋斗过的港口。他们可是我小时候的英雄啊！所以我每天饭后都会去江边跑一趟，虽然明知道不可能见到高志扬他们，但能够听一下开往非洲的货轮发出电影里的汽笛声也很好。

那天晚上也是这样，我吃过饭从家里出来，绕过几个刚修好的小区，后方就是一片空地。那儿据说要造几幢江景房，不过就我所知，一直没有开工。但不知道从何时起——至少在我搬到这儿之前——

有人悄悄在这里搭棚住了下来，结果引来了更多没地方住的家伙。久而久之，这些棚子挤满了整片空地，成了一片没人管的村子。现在这个村子越长越长，几乎快要跨过街去，占掉隔壁了。

我可不想和住在棚子里的家伙打交道。每次跑到这里，我都会提前绕开，沿江慢跑一段，抽半包烟，看着烟雾缓缓消散在潮湿的汽笛声中，然后拍拍身上的土打道回府。只要不下雨，我每天都会这么跑一趟。

那天晚上有些风，吹得人微微有点冷。站在家门口往前一瞥，我发现远处突然多出了一幢奇怪的大楼，像面包圈一样，立在江边，把杨浦大桥正好框在中间，反倒像是大桥把楼给撑起来似的。因为前阵子有雨，我一直没出门，所以我也不清楚这幢楼是什么时候冒出来的。可是你想想，短短这么几天，怎么可能造得好这么高的楼？援非稻种来不来得及突击上船已经无所谓了，我只想走到大楼脚下一看究竟。

我不怎么喝酒，但一路上的所见让我怀疑自己是否还清醒。当时差不多正好是日落，紫色、红色、褐色的云从江上慢慢染开，遮住天光。村子也开始星星点点地亮灯，照出丝丝缕缕的炊烟，送来些许熟悉的味道。沿着洋泾港，往大楼的方向前进，我渐渐听到楼顶传来人群的欢声笑语。

我该怎样向你讲述我走到这幢大楼脚下时的惊讶？大楼果然立在那一片村子曾经在的地方，不，准确地说，是原先挤得歪歪扭扭的村子就像是被人从一头掀了起来，举到空中兜了一圈，最后在河边直直地落下，陷入草地里。

站在往常我会直接绕过的村庄门口，现实的冲击和模糊的记忆叠加在一起，难以分辨。我可以依稀辨别村口的那条路，但现在它一直延伸到了天上，连同那些拥挤的小房子们一起倒挂在半空。几十米的高空中倒挂的窗口里时不时传来女人们“吃饭了”的喊声，有人甚至探出半个身子来，恨不得直接把在地面疯跑的孩子捞回家。除此之外，这个村子与我平常路过时的印象并没有什么不同：晒得黝黑黝黑的小孩抱着旧轮胎成群地从街上跑来，扎进河里又蹿出水面，放荡不羁的笑声如同一群打架正酣的鹅。他们溅起的水花赶跑了路边闲逛的人，也打湿了放在岸边的衣服和鞋。我听见村子深处隐隐约约传来“风狂红旗舞”的歌声，抬头寻找声源，看见西皮导板的响声夹着老电影噼里啪啦的颗粒爆炸声，从二层小阳台藤架间稀稀疏疏的葡萄叶里慢慢飘出，落进一楼厨房内。老阿姨炒菜时呲呲嚓嚓的铁锅声，裹挟着韭黄鸡蛋的香气向上升起，飘到街上，升到半空，钻进头顶零零落落亮起的、倒挂着的窗洞里 …… 而不远处坐在自家门口藤椅上的老人摇着蒲扇，百无聊赖地看着我，似乎对这一类目瞪口呆的访客早已见怪不怪。长风号从杨浦大桥下驶过，发出的汽笛声从江上传来，我的脚不听使唤地迈进了这个村子。

我先前是不是说过我“天天路过这个村子”？话是这么说，但我从来没有正眼看过这里。反倒是今天的异常景象，让我不得不随着行进的深入重新构建关于此地的记忆。不知道你有没有过这种感觉？似乎你并不是第一次走进这个地方，你甚至对这里熟悉到偶尔能够预见右边坐着的小男孩下一刻会举起手里的小帆船，跑到对面墙根，一边跑，一边呜噜呜噜地模拟风声，牵引着帆船在墙上航行。村口的老头会突然从背后掏出布偶，给刚放学的孙子变起戏法。然而这一系列动作在你预测完之前就发生了，以至于你说不出眼前的熟悉感究竟来自重现的场景，还是错将正在发生之事当成是记忆。八个方向的错觉同时袭来，和那群因为天色已晚懊恼着赶回家的小孩一起，推着我往更深处走。踩过铺路石间冒出的苔藓和不知名的草，看到小院中间挂着尼龙网，上面铺了厚厚的一层棉布，抬头望见头顶倒悬的枣树果子结得正好，有人正从天顶的老虎窗中伸出棍子打落果实。暗红的枣子如鸟群般踩着晚钟声扑进网里。

童年的回忆猛然撞醒了我 —— 这钟声我听了六年，每天等到学校

大门口守庙的老头梆梆梆地把它敲响，我们就飞速冲出教室，翻出旧轮胎滚上路，追赶玩水的玩伴。

我们跳进河里又扑腾出水面，笑得仿佛一群正在打架的鹅。一直玩到天黑，意犹未尽的我们才发现岸边的衣服已经湿成皱巴巴的一团，只好穿着拧得一道一道的衣服回家领揍。

孩子们滴着水推着我往村子更深处走。我听到那家收音机里的唱段越来越远：

行船的风，领航的灯，
长风送我们冲破千顷浪，
明灯给我们照亮了万里航程……

方海珍的歌声渐渐消失在我身后，面前湿漉漉的小孩随着路边的一两个岔口也越来越少，我跟着余下的几个孩子，滚着旧轮胎、抓着小帆

船，慢慢往前。不知不觉间，来到了村庄被掀起的位置。被这几个孩子推搡着，我也不得不顺着立起的层层屋顶向上跑。村中心的小酒馆正好立在半空，里头喝得东倒西歪的醉汉仍然没有半分回家的意思。

我们呼喊着从酒馆旁飞奔而过，从窗洞里探出头收衣服的阿姨被我们吓得一个激灵，险些丢了手里的被单。

我开始惊讶于这些孩子竟敢跑到这么远的河里游泳，但转念一想，我最远跑到过的地方，比洋泾港不知道远了多少。那时扮鬼的玩伴追着我一直跑，直到我跑不动了、叫不响了才停下来，这才发现天完完全全黑了，幽蓝的天在树林高处碎成几百上千片多边形，缝隙里流出黏稠的黑色顺着树干流到我脚边。这儿安静极了，一直追着我跑的“鬼”早被甩在身后，转去抓其他的目标了。他们回家了吗？他们发现少了我吗？还是自作主张地以为我先悄悄溜走了？我揣着担忧，往以为的原路返回，身边的黑色却越走越浓。我听到脚步声，听到唱歌声，听到有人说话，听到有人叫我，最后只听到自己的呼吸和心跳。我努力使自己冷静下来，但似乎我正在一个很高的地方，因为能看见近在咫尺的大桥、深黑色的江面、逐渐驶远的货轮和脚下的村庄。

逐渐地，我又能听见水流刷洗卵石的声音，听见前面桥头茶铺里电灯嗡嗡地响。茶铺老头摆弄着脚下的碗碟，问我为什么还没回家，而我被巨大的恐惧堵住嘴说不出话来。我站在原地不知道去哪儿，挨个数绕着灯冲撞的蛾子，等到我的眼睛看向哪儿都带着一段绿色和蓝色弯曲缠绕的线，从某一段线团中走出一位红毛衣的阿姊，小跑着把我牵走。

我至今还记得被救出来的路上，阿姊的头发一根一根地反射着星星的光，亮得能结霜。我也还记得阿姊第一次带着我到县城的泳池游泳。我从来没见过那么多人同时在水里，男人和女人的声音与回声在水面上不断反射，散发出刺鼻的消毒水味儿——干净而先进的味道——我不安地泡进水里，看见阿姊从泳池另一头游来，动作迅速，不亚于今晚来茶铺找我时小跑的速度。临近终点时阿姊熟练地从水中升起双手撑在池沿，水面完美地掠过她的身体曲线，将荡起的波纹传进我的身体，顺带放入连续几晚的惊慌。只不过这是后来的事了，我不方便多讲。现今阿姊牵着我的手走在黑夜中，路过关门的澡堂和学校，路过漆黑一片的茅屋，偶尔路过亮着的窗户里移过一个影影绰绰的轮廓。阿姊走到这个颠倒村庄的上端，绕开空旷的晒谷场和隔壁多嘴的婆婆，我们走到烧着篝火的空地旁边。借着随火光跳舞的人影和嘈杂的叫喊声的掩护，阿姊吊着吊篮把我从窗户送回下方的卧室。坐在床沿，放下吊着的心，我终于有时间冷静地观察一路走来的光景，

这里的一切看起来都那么稀松平常，却处处匪夷所思。我隐隐有些发怵，这种恐惧终于在推开房门的那一刹爆发了出来。

你猜得没错，这间卧室和我小时候住的那间一模一样：顶部落满了灰的挂历，被老一辈用得油光锃亮的木桌和木凳，上面放着破破烂烂的、印了语录的课本，红框边上压着那只小帆船，船帆已经不知道换过多少块破布。我把玩着小帆船，耳边渐渐传来高志扬最后的一段西皮导板：

满怀豪情回海港！
看东方晴空万里霞光千道，
江两岸分外辉煌！

这时我才猛然想起，茶铺的老头在我上职高的时候就得病死了，而我现在所在的这间卧室，应该早在我搬进上海的好几年前就被拆掉了。我冲出房门，发现家里一个人都没有。当然不会有。跑到家门口的空地上，几乎村里所有认识的人都围在火堆边，喝醉了一般手舞足蹈，将手头的轮胎、挂历、灯泡、茶杯、泳衣、藤椅、蒲扇、收音机、红毛衣、帆船、木棍、尼龙网纷纷投入火中。那些物件如同长了嘴一样在火里嘶吼——我先前还以为那是一群醉汉在发酒疯。不不不不，这不是我长大的那个村子，我不应该在这里看到这些早应该被时间咬烂的东西，我不能看着它们就这么被发狂的人群烧掉！我冲进空地中央，扒开狂欢的村民们，试图在被火苗舔到之前捞回被扔出去的课本，他们却从我的指头尖飘过去……我也控制不住被推进火里，在火里我被分解成无数微粒，每一颗都长出自己的嘴大声尖叫。我没有身体，而是旋转着由无数微粒重组为新的火焰。我大声尖叫，却找不到发声的器官，碰触到冰冷的回忆却感受不到触摸的皮肤。我即是这团火焰。我被这团火焰困在无法摆脱的回忆里，随着校门口老庙里的钟声，雨点一样随着九月成熟的红枣落下，穿过地面，回到空中，从回家的醉汉面前下落，从洗碗的女人窗前下落，在门口纳凉老人的蒲扇上坠入原初的硬地，回到我早已忘记的、难忘的村庄。

紧接前场。

码头上，绿化地带。

晨曦绚丽，彩霞万朵，红旗招展，波光粼粼。

天空霞光四射，旭日喷薄欲出，远方汽笛长鸣。

翻仓完毕，钱守维交出了美国大班的奖状、日本老板的聘书、国民党的委任状，还有行凶的匕首。上海港的万艘远洋货轮发出的庆祝的汽笛声叫醒了我。我从草地上醒来，身上沾湿了夜间的露水。

来不及更多的思考，我以搬来上海以后从来没有过的速度跑回自己的家，自从职高的校运会之后，我还从来没跑得像今天这么快过。直到现在，我的小腿肚还酸痛得要死。

之后的几天，我还会梦到那里韭黄炒蛋的香气，茶铺老头丁零当啷的茶碗声音，还有红毛衣的阿姊，从十几层楼上掉下来的枣子。我依旧每天饭后都去江边跑一趟，听一听货轮的汽笛声，幻想这里就是高志扬他们奋斗过的港口。可是这个村子再也没有出现过。

你是第一个愿意听我讲完的人，其他人都听到一半就摆摆手，笑着礼貌地岔开了话题。你果然是值得我信任的好人。所以，相对的，请你也相信我讲的这个故事，好吗？不管它听上去有多么荒诞不经，但我确确实实在那天晚上经历了我刚才所讲的这一切。我发誓，绝对没有任何胡编乱造，相反，我讲的和我看到的一个字也没有偏差。正如你知道的，我一直是一个诚实的好人，作息规律，每天慢跑一个小时，用支付宝付钱以后一定要老板确认到账了才离开，所以请你……

fruity
THE
POUNDSHOP

Coffee!

+60.00 ROOFTOP
+57.20 UPPER GROUND
+51.00 TRANSFER FLOOR
+43.50 HOTEL LOBBY
+39.00 APARTMENT
+36.00 BALCONY
+24.40 BAR
+17.50 APARTMENT
+10.00 TRANSFER FLOOR
±0.00 PALZA
-4.00 GARAGE

高区一层平面图

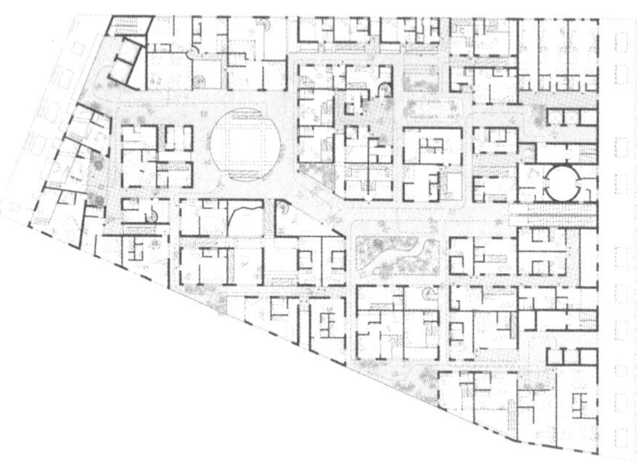

高区三层平面图

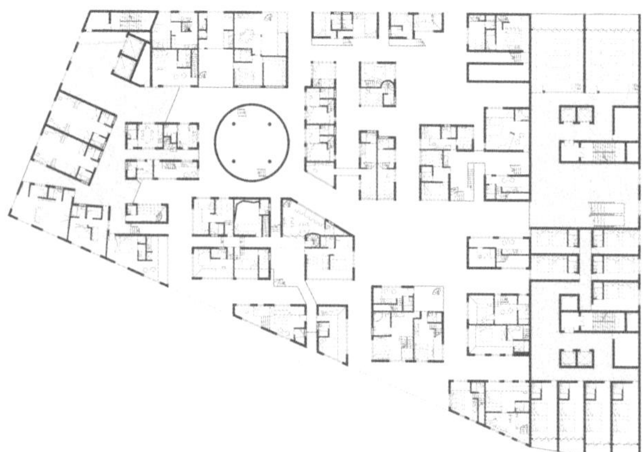

高区二层平面图

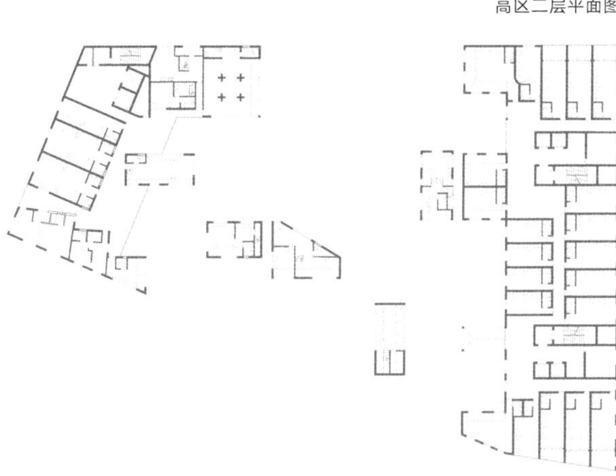

中区平面图

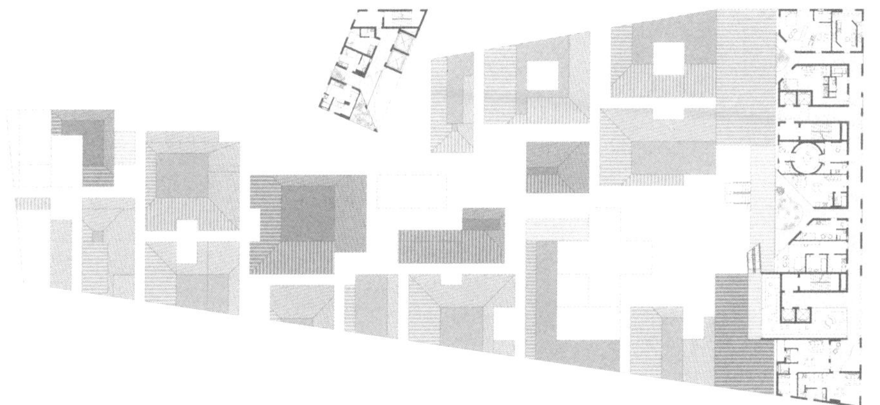

平面展开图

COMBIANTION OF CLUSTERS

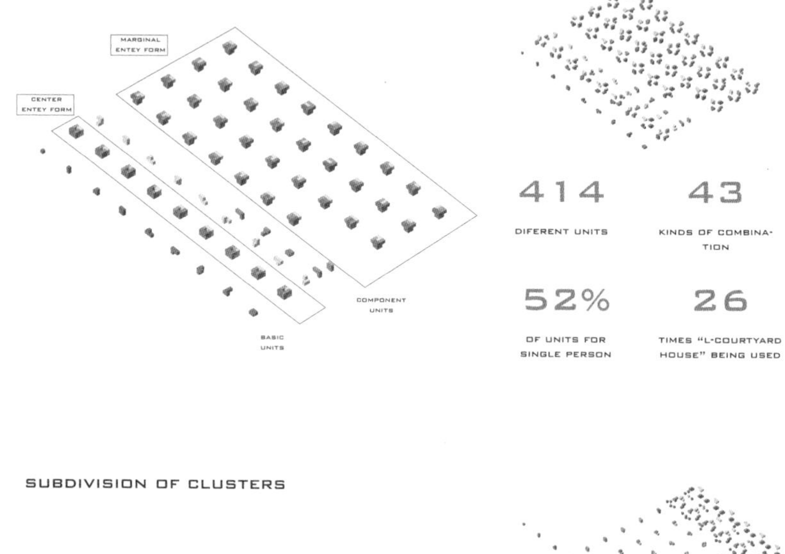

SUBDIVISION OF CLUSTERS

27
KINDS OF DIFFERENT UNITS

621
INHABITANTS INCLUD

34M²
PER UNITS

23M²
PER PERSON

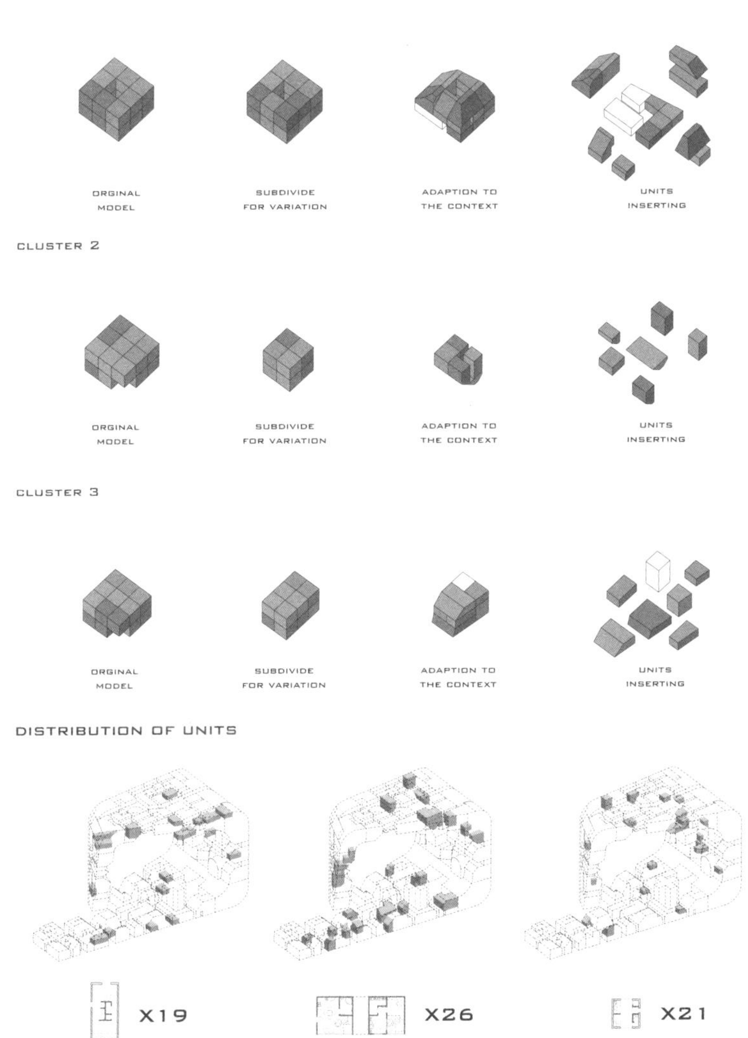
ORGINAL
MODEL
SUBDIVIDE
FOR VARIATION
ADAPTION TO
THE CONTEXT
UNITS
INSERTING
CLUSTER 2
ORGINAL
MODEL
SUBDIVIDE
FOR VARIATION
ADAPTION TO
THE CONTEXT
UNITS
INSERTING
CLUSTER 3
ORGINAL
MODEL
SUBDIVIDE
FOR VARIATION
ADAPTION TO
THE CONTEXT
UNITS
INSERTING
DISTRIBUTION OF UNITS
X19
X26
X21

UNITS LIST

STAIR HOUSE
TYPE A
T HOUSE
TYPE A
TYPE B
DIVIDED HOUSE
TYPE A
TYPE B
TYPE C
VOID HOUSE
TYPE A
TYPE B
TYPE C
TYPE D
PRI&PUB HOUSE
TYPE A
SHARED HOUSE
TYPE A
TYPE B
CROSS HOUSE
TYPE A
CAPSULE HOUSE
TYPE A
TYPE B
TYPE C
DOME HOUSE
TYPE A
3-YARDS HOUSE
TYPE A
TYPE B
TYPE C
VIEW HOUSE
TYPE A
TYPE B
TYPE C
9-GRID HOUSE
TYPE A
NARROW HOUSE
TYPE A
CHINESE PUZZLE HOUSE
TYPE A
ATTIC HOUSE
TYPE A
TYPE B
LILONG HOUSE
TYPE A

NARROW
HOUSE
TYPE A
CHINESE PUZZLE
HOUSE
TYPE A
ATTIC
HOUSE
TYPE A
TYPE B
LILONG
HOUSE
TYPE A
DAHONG
HOUSE
TYPE A
TYPE B
TYPE C
NEW TYPE
A
NEW TYPE
B
WANDER
HOUSE
TYPE A
TYPE B
NEW TYPE
C
NEW TYPE
D
FOUR GENERA-
TION'S HOUSE
TYPE A
BANQUET
HOUSE
TYPE A
L-COURTYARD
HOUSE
TYPE A
TYPE B
TYPE C
TYPE D
TYPE E
PARALLEL
HOUSE
TYPE A
TYPE B
TYPE C
TYPE D

户型类别分析图解

CUBE 48
天水浩劫

Ma Yanli, Wu Yonghuan, Tian Yuan

马嫣砾 / 吴庸欢 / 田园

50

在窗边的对抗，二打一，他们两人有室内优势，稳操胜券，击毙对面可谓易如反掌。最先发现房子外有动静的公瑜蹲了下来。

“有人，一个！过来，快过来！”

广肠立马靠在墙后，等待敌人再移动，辨别脚步声的位置。

“225 方向！”公瑜突然激动地站起来，往阳台冲过去，几梭子弹立马从窗外打了进来，如此冲动，已经不是第一次了，但他每次都能在自己倒下前把对手击毙。广肠转过身把枪架在枪声来的方向，还是没能看到那个人的身影。

开阳台门的时间不到两秒，公瑜那句气焰嚣张的口头禅刚提上气，还没说出口就被放倒了，现在拼命地往室内爬回来。

“打他！打他！快过来扶我！”

“哈哈哈哈哈，罕见呐！”

“他在围墙那棵树后面！”

广肠往公瑜说的位置移枪，在刚看到敌人的瞬间也中了几发子弹，赶紧缩回来，立马打绷带。

“对面好强！”

一枪没发！对面这个人站位水平之高出乎意料，从广肠这个位置看过去刚好被树和围墙挡着，十分隐蔽。

这时，对手投了一颗 M67 进来。广肠的眼睛盯着这颗滚进来的金属球体。他清楚地知道，几秒钟之内，不能从窗户跳下去意味着他们俩都会被炸飞。这个声音他听了无数次，每次都紧张又刺激。中弹让他十分疼痛，移动也变慢了，旁边是刚刚中枪倒地的公瑜，正拼命地往楼梯间爬去。

Boom！

……

广肠摘下头盔，额头上的汗水流过下巴，滴在踏步甲板上。近两三个小时的游戏把他累坏了，衬衫已经湿透，使得脱下Rx套装变得困

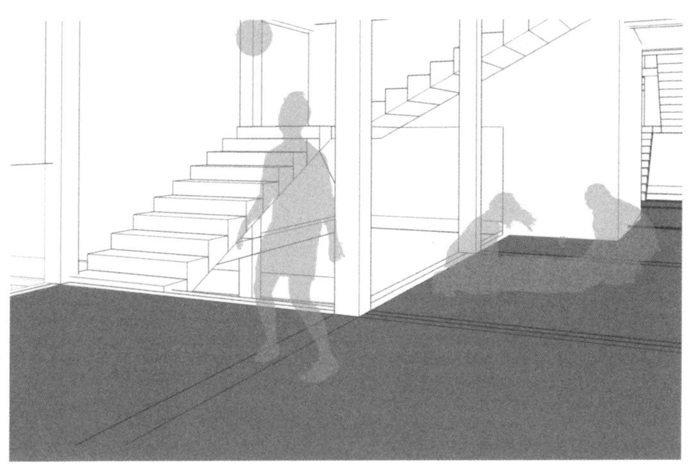

难。他索性解开三个扣子，这样感觉舒服多了。这是广肠和公瑜在这个星期里存活时间最长的一局。耳机那边，公瑜也在喘着粗气。

“身上全是汗，累坏了！你说现在怎么变得那么菜？体力和反应也跟不上了？”

广肠捞起机器人递过来的冰可乐，一个劲地猛灌起来。

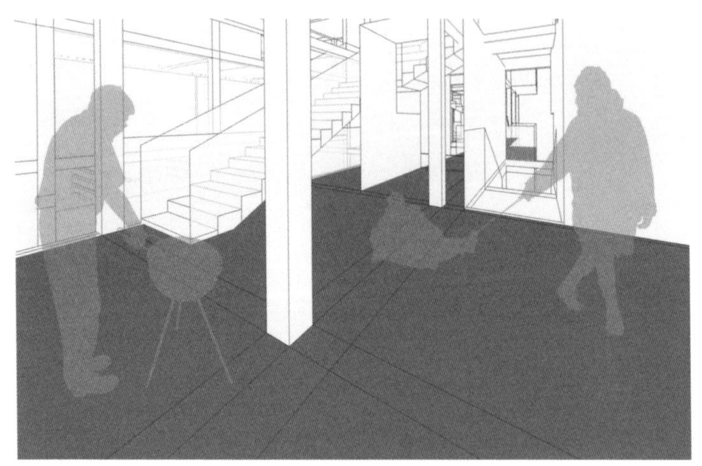

“没想到对手走位这么阴险，到阳台才看到他，太狡猾了，这水平和当年别叔有得一比啊！”

“不会就是别叔吧？要是五年前天水不崩溃，蠕虫病毒就不会被释放出来了，说不定我们那48个兄弟现在还能制霸杨浦电竞圈！”

“哎哎哎，你在浦东，就别想过来搅浑水了，隔着一条黄浦江呢。”

“哈哈哈哈哈哈哈哈，咳咳。”广肠被可乐呛到，一阵剧烈地咳嗽。

广肠站起来，拉开房间的窗帘，望着不远处的杨浦大桥，一艘轮船正从桥底穿过，脑海里想起了在五年前的战队和48个兄弟们一起作战有说有笑的情景。战队还有个超级可爱的名字“CUTE 48”！那时候一整天坐在旧式电脑前，真快乐啊！记忆最深刻的还是队里那个女孩的声音，但他一直小心翼翼地隐藏对那个女孩的喜欢，从来没有表露，也没有向任何人说出过。

呲 —— 呲 ——，又停电了。

“市政电力接入故障，正在为您切换备用电源，预计持续使用10小时，请节约用电。”电力机器人这个月已经自启动好几次了。使用备用电源供电，灯光暗了许多。广肠看了眼手表，差不多到饭点了，该让烹饪机器人做饭了，但今晚吃什么呢？世纪难题。

在CUBE 48公寓，近两年每到夏天，用电量骤增，电力系统常常超负荷运转，总是容易断电，这是设计师在设计时始料未及的。电力工程师也没搞懂近两年断电越来越频繁的原因，理论上家用电器的增加是不会导致用电总量异常的。

广肠靠着阳台的栏杆，解开了衬衫的纽扣，用毛巾把身上的汗水擦干，双手搭在栏杆上，头往后惬意地仰着，微风从他胸前的皮肤上拂过，西边天空的霞光映在他的脸上，这感觉太美妙了！他摸出口袋的香烟，点燃了一根，朝空中吐烟的时候仿佛自己就是一台悠悠开向松林的蒸汽机车……

忽然，灯光闪了闪。

“检测完成，电压220，故障已排除。”

广肠若无其事地抽着香烟，扭头看到了地上的头盔亮着光，走过去捞起头盔想把它关闭。

“嗯？怎么回事？”

广肠从来没有看到过这样的情况。戴上头盔后，他竟然看到了自

己的房间，环视一周，每一处细节都和他的房间一模一样！是谁在他的头盔上安装了监控摄像？！

他慌张摘下头盔，想找到头盔里的摄像头的位置。头盔前部是一块弧面玻璃，根本不可能安装摄像头在上面。他又用X光扫描了一遍整个头盔，也没有发现任何可疑的地方。到底是怎么回事?

广肠内心越来越恐惧。难道是他的房间在虚拟世界里被复制出来了? 那是谁呢? 又为什么让他在这时候看到? 他再次把头盔戴上，在踏板上走动起来，想在虚拟的房间里看个究竟。他发现不仅是整个房间，连房间外的走道和起居室都被复制进来了。天哪 …… 他的整个家都被复制进了虚拟世界里!

他慌慌张张地握着门把手，慢慢推开门。楼道也被复制进来了。一路小跑来到单元核心层的外挑平台，探出头往外俯视。简直难以置信！整栋公寓都被复制进来了。然而公寓周围的环境却很暗，什么也看不见。他很害怕，后退了两步，摘下头盔，脸色惨白，看着眼前的房间，看看手里的头盔和脚下的踏板，陷入了恐慌与迷茫。

“这 …… 到底是怎么回事?”

他再次把头盔戴上，转身往虚拟公寓里他的房间跑去，看到了小狐家门窗反射了一个身影——和他一模一样的体型，身上全是流动着的数字 0 和 1，全身都完全由这两个数字环绕而成。他低头看着自己的双手和身体，流动的数字在身上窜来窜去，害怕地想甩开顺着手臂爬上脸的数字流。他想往楼上走，却听到身后传来好几个嘀嘀嘀的声音。他扭过头，几个和他一样身上全是流动数字的人向他跑来，他被吓得呆在原地。

在这几个人的推搡下他进了电梯。电梯门关上后他一直闭着眼睛，只感觉到电梯正在往上移动着。

“叮！”电梯门打开的瞬间外面的风窜了进来，广肠下意识抬起手挡住自己的脸。被推出电梯的他惊奇地看着眼前的一切——公寓的天台上站满了数字流人形，还有几十个发光的巨大透明柱体，柱体里好像存放着什么。他目光聚焦在柱体里，发现里面竟然是五年前CUTE 48 战队的游戏角色！第一次在这样的视角看这十几米高的洗礼战士，他惊讶得全身汗毛直立。抑制不住地，他来到自己的洗礼战士前面，趴在柱体边上，抬起头仰望。广肠愣住了。

突然，一只手掌在背后拍了拍他的肩膀……

CUBE

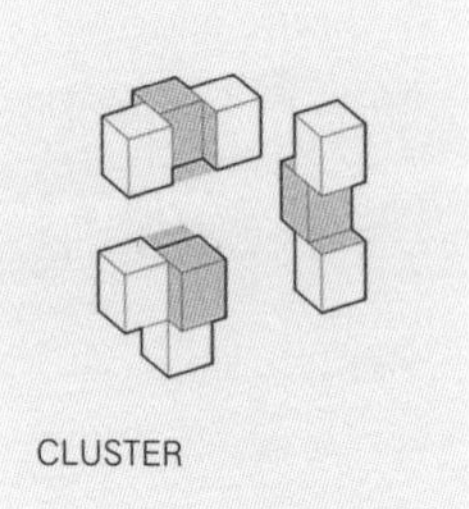
CLUSTER

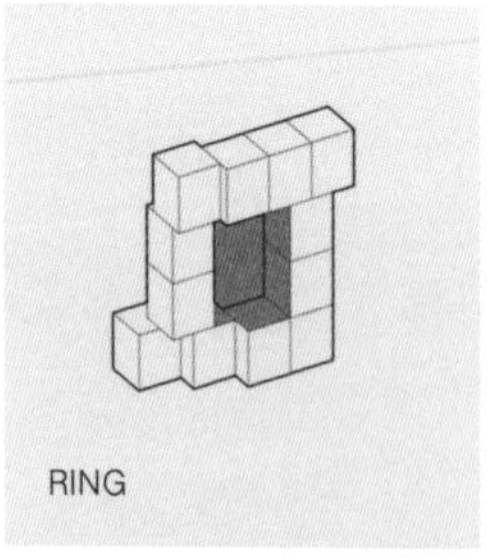
RING

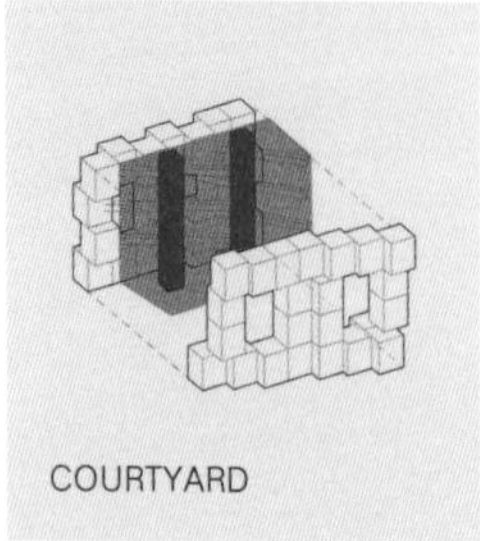
COURTYARD

LIBRARY

FOOD

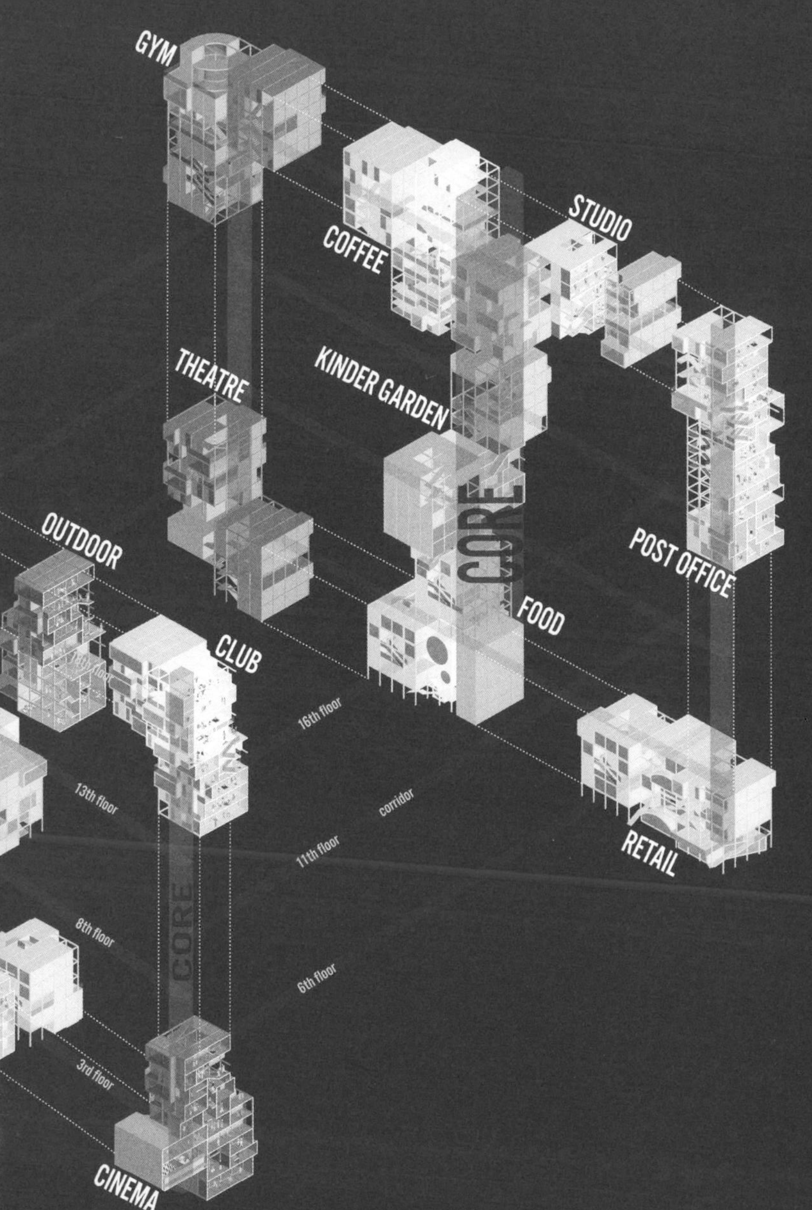
GYM
COFFEE
STUDIO
THEATRE
KINDER GARDEN
CORE
POST OFFICE
OUTDOOR
FOOD
CLUB
16th floor
13th floor
corridor
RETAIL
11th floor
8th floor
CORE
6th floor
3rd floor
CINEMA

流线分析图

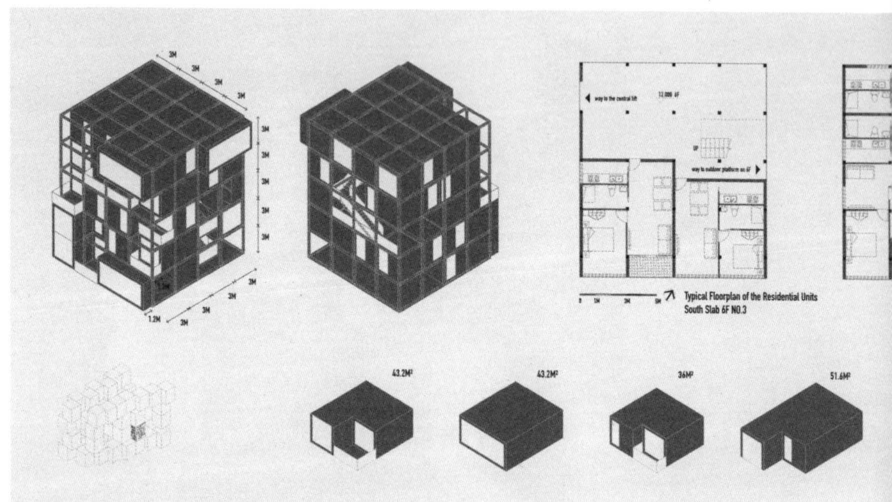

CUBE单元 1

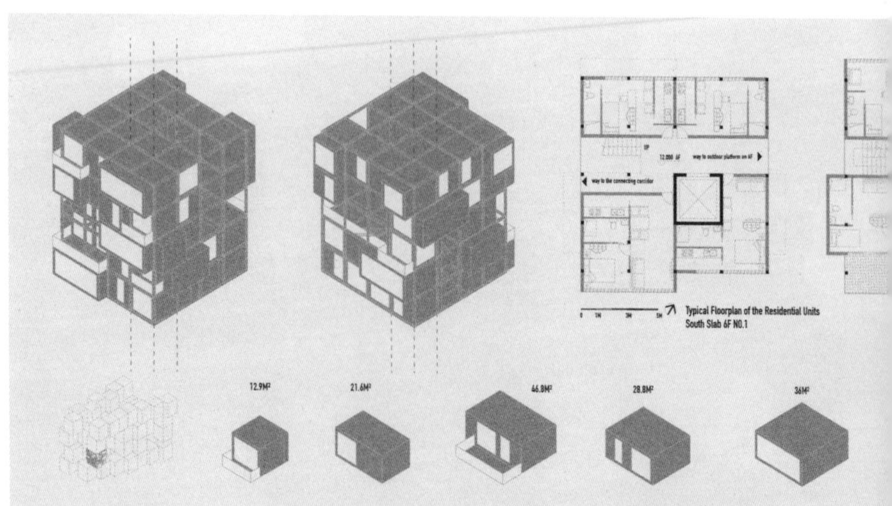

CUBE单元 2

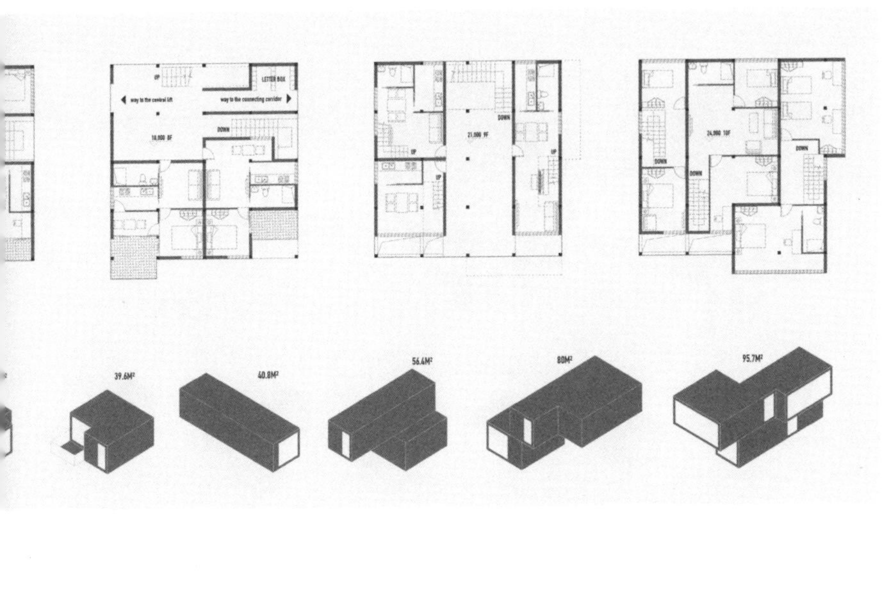
UP
LETTER BOX
way to the central lift
way to the connecting corridor
DOWN
UP
DOWN
DOWN
DOWN
DOWN
DOWN
39.6M^2
40.8M^2
56.4M^2
80M^2
95.7M^2

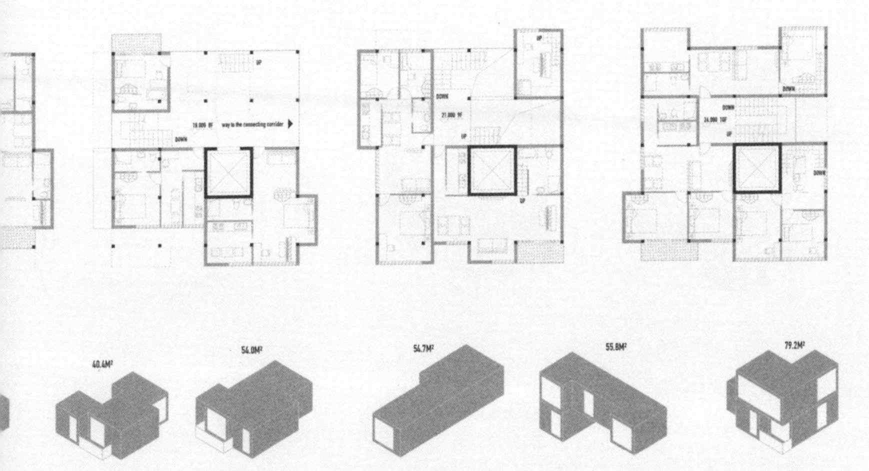
UP
way to the connecting corridor
DOWN
DOWN
UP
UP
DOWN
DOWN
UP
DOWN
40.4M^2
54.0M^2
54.7M^2
55.8M^2
79.2M^2

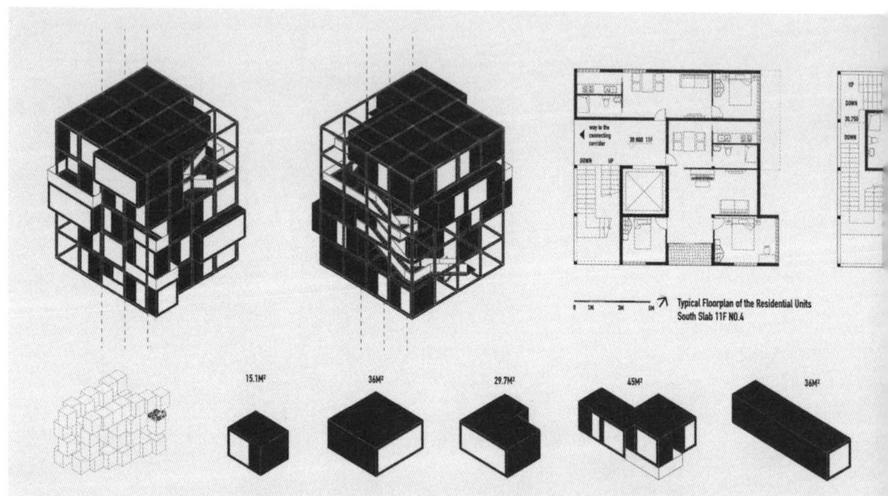

CUBE单元 3

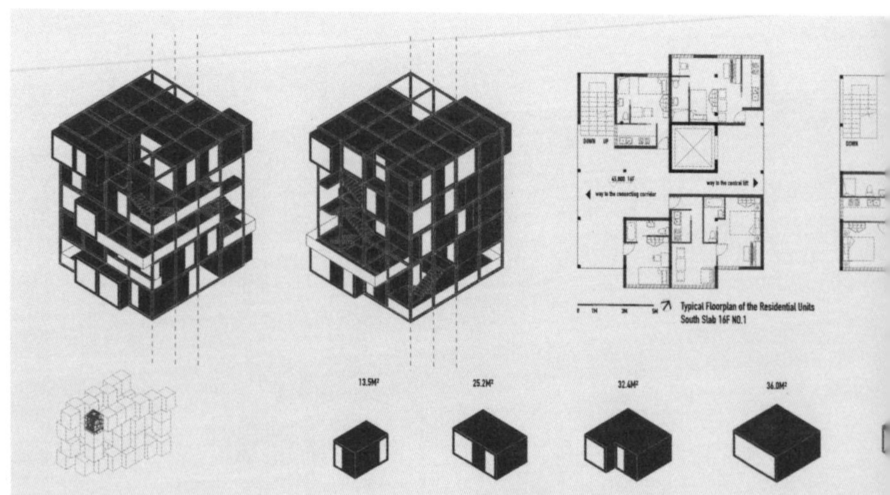

CUBE单元 4

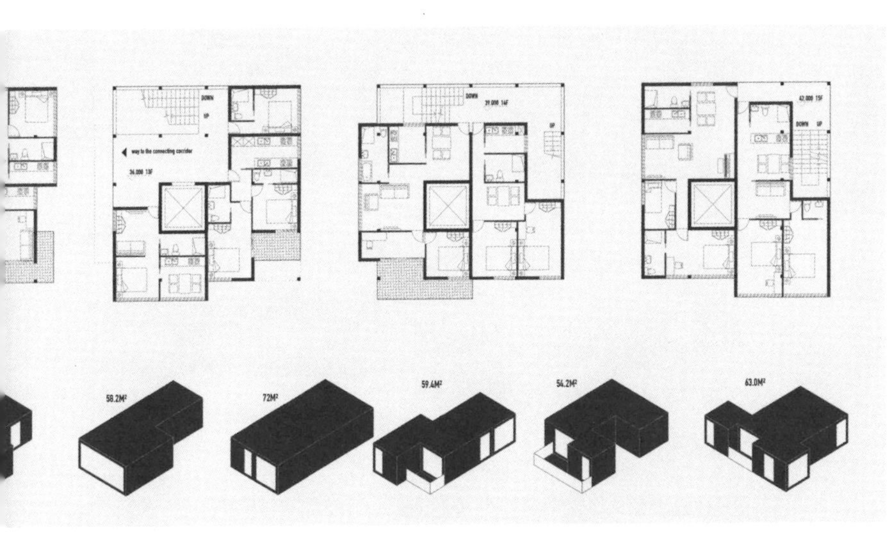
58.2M²
72M²
59.4M²
54.2M²
63.0M²

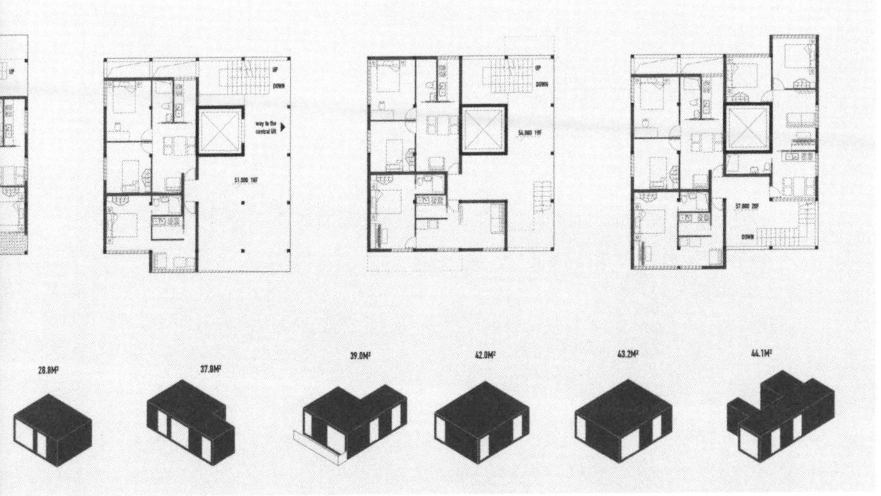
28.8M²
37.8M²
39.0M²
42.0M²
43.2M²
44.1M²

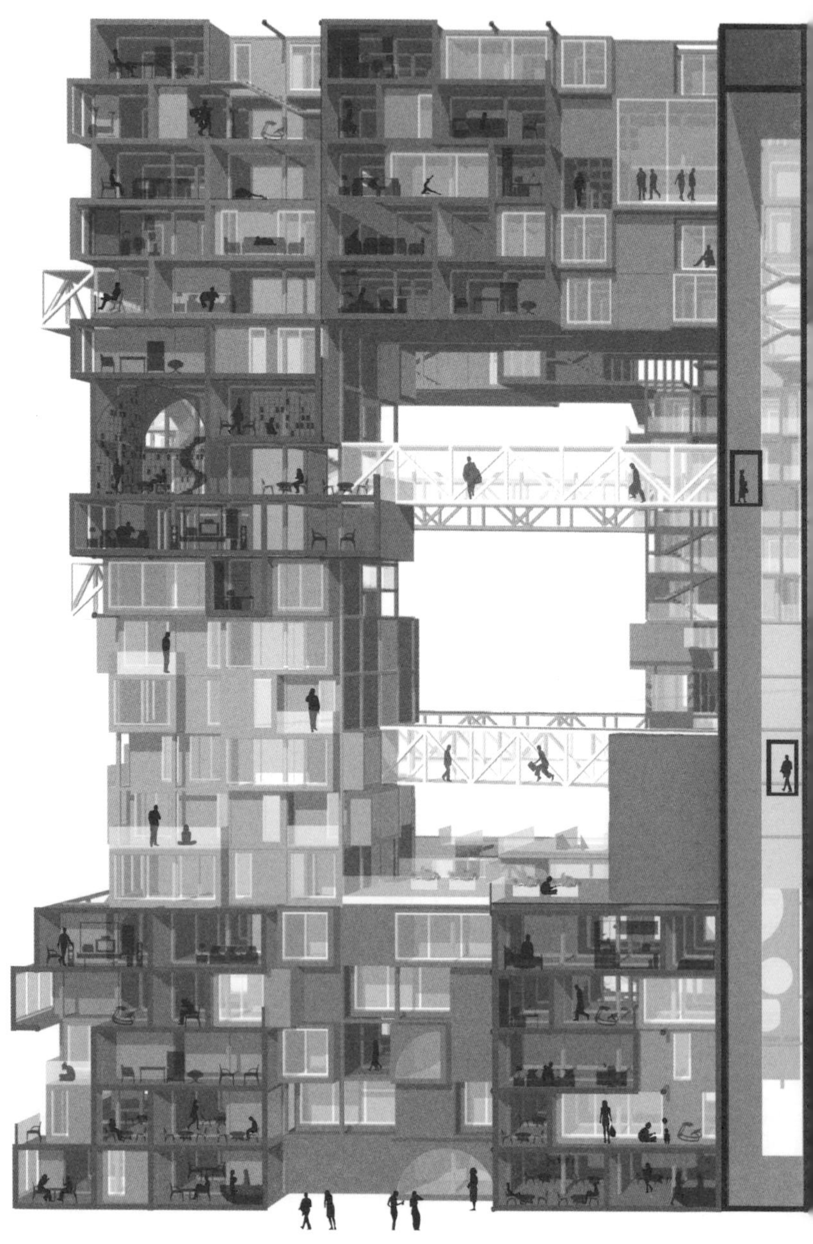

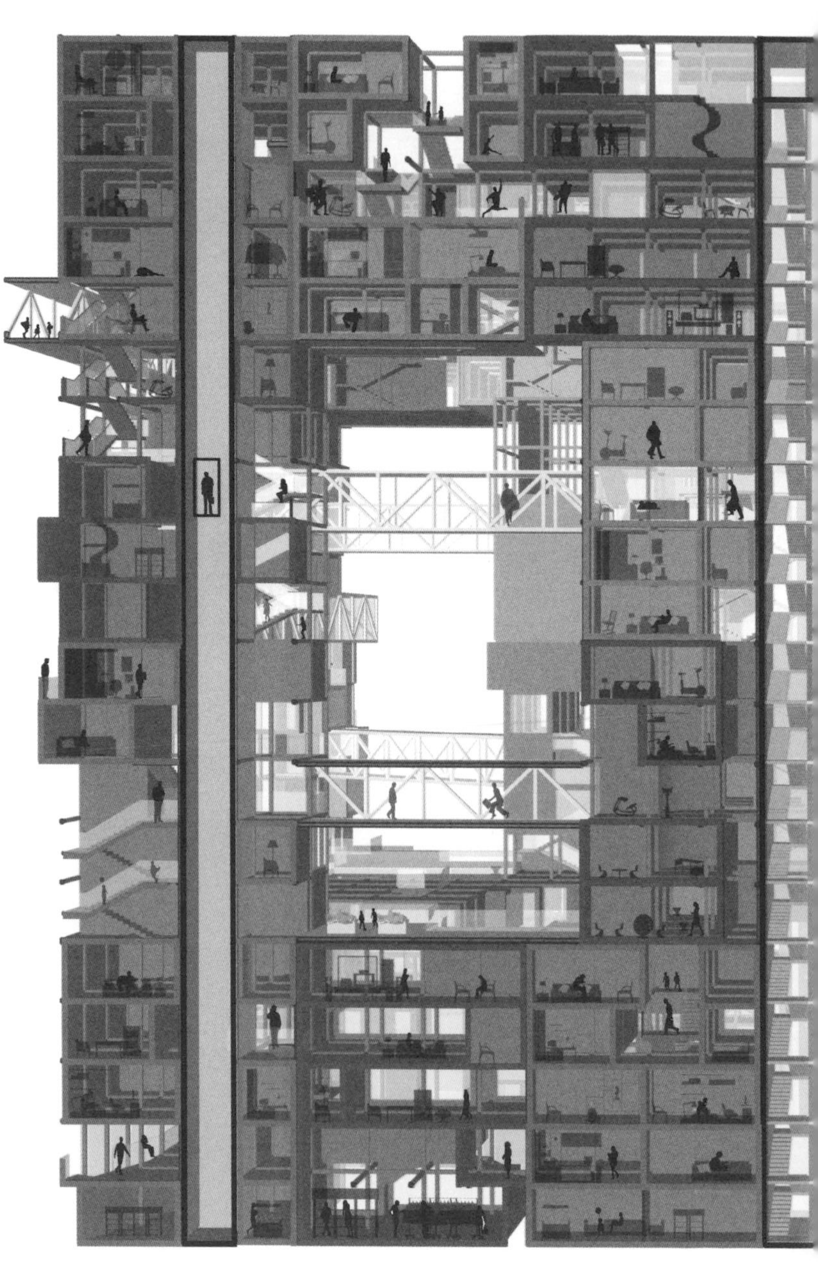

OVERLAP
守望

Zhao Yue, Huang Lanqin, Deng Haobin

赵玥 / 黄兰琴 / 邓浩彬

洋泾港桥

“每个主角都应该有一个官配，”豆花想了想，忽然感到一丝绝望，“那只喜欢刨坑的哈巴狗……”

豆花是一只高冷的、抑郁的、想死掉的猫，至于她为什么想死掉，大概豆花自己也不太清楚。豆花本来是有九条命的，现在却只剩下最后一条命了，所以，自她上次丢了命后，她的胖狗官配皮卡丘就放弃刨坑，开始没日没夜地跟着她。豆花不明白，她都死了八回了，为什么皮卡丘还活着。

“我们去那里看看吧。”豆花对皮卡丘口香糖式的粘贴跟踪放弃了抵抗，望着那幢新建成的、据说卖得很贵的“OL”大楼说。皮卡丘有点犹豫，“你不用担心，我不会跳楼的，那样死得太难看，我会控制不住自己恐高的表情。”豆花似乎看出皮卡丘的担忧。皮卡丘想了想，觉得有道理，同意了。

豆花和皮卡丘藏在稻田里，望着大楼入口来来往往的人群，他们在发愁如何进去。“广告里都是骗人的，建筑效果图也不例外。”皮卡丘小心翼翼地收腹，稀疏的水稻艰难地遮挡着他虚胖的身躯。豆花看着这只连名字都要抄袭的哈巴狗，翻过的白眼里是满满的嫌弃。豆花绝不承认，其实，她的名字也是抄袭，还很土。

豆花和皮卡丘在稻田里守了几天，都没找到机会进入那栋大楼，倒是来来往往的行人每天会专门带各种零食来喂他们。豆花从来就是万人宠爱的香饽饽，不管在哪里，都会有铲屎官鞍前马后地奉上吃食。最开始，是四个住宿舍的小姑娘，后来大概是因为被宿管阿姨发现了，豆花就被送给了一个刚工作的、自己租房住的小哥哥。然后，是一对刚结婚的年轻夫妇，后来，年轻的新婚妈妈怀孕了，豆花再次被遗弃，她被丢到了公园。在那里她遇到了皮卡丘，从此这只哈巴狗就成了她的官配。

想要死掉的豆花接受不了跳楼，也决不接受绝食，虽然豆花认为她不是吃货。日子一天一天过去，直到他们蹲守的第十三天，一个坚持每天都来喂他俩口粮、和他们聊天的小姐姐抱起了豆花和皮卡丘，走进他们已经蹲守了两周的大房子。

LANE巷

和自从知道自己能到大楼上刨坑就只顾傻乐的皮卡丘不一样，豆花感到有点奇怪，冥冥中她似乎觉得这个叫作沈默的小姐姐知道他们俩想做什么，但又不确定是否只是她想多了。

与以前住过的地方都不同，走出电梯，是明媚得刚刚好的阳光和窄窄的、铺满野花的小路，有点像屋顶花园，但又不一样。皮卡丘觉得这里很像以前老主人带他遛弯走过的小巷，却说不出哪里像。皮卡丘的疑惑不会超出七秒钟，毕竟思考得久了，上帝会发笑。沈默带着豆花和皮卡丘，左绕右绕地来到了自己住的地方。大学毕业后，沈默没有听爸妈的话回老家找份安稳工作、结婚生子，而是只身一人留在上海，一个人租房子住。从最初的筒子楼，到这“OL”大厦里最便宜的一层，没有人知道8年里沈默付出了什么。屋子不大，沈默却十分喜欢，尤其是屋子中央的圆形书屋，坐在这里，她才觉得自己还是生活的主角。和住在这里的大多年轻人一样，沈默每天早出晚归，除了几个能打得上招呼的邻居，和其他人都不太熟悉，看起来似乎有点孤僻。但沈默喜欢豆花和皮卡丘，豆花和皮卡丘在这里住得也很惬意。住在这里的人们几乎都有属于自己的铺满阳光的小花圃，可惜的是，洒满阳光的时候，他们总不在家。于是，这里就变成了豆花和皮卡丘的后花园。

豆花很懒，找到有阳光的地方就能睡一天。皮卡丘却总赶着她跑上跑下，豆花开始很生气，跑累了就冲皮卡丘撒泼，但后来她发现，跑着跑着就会看到不一样的光景，不一样的房子，不一样的阳光。

要是跑着跑着能找到舒服的地方睡觉也不错，豆花想。随意乱逛的他们有时也会迷路，但上蹿下跳地跑着却也总会在某个转角处，或是看到某栋房子时想起来时的路。

豆花觉得这里还不错，就是有时有点太安静了，但仔细想想，这似乎很符合她自认为的忧伤的气质，也就既来之则安之。小路上的人不多，偶尔会有不熟的人停下来逗逗他们，偶尔也会在万家灯火时，看到某个小院里某个男人落寞的背影，缱绻的烟徐徐地笼罩着他们的落寞，每当这个时候，豆花总会想象那个背影会有怎样的表情，然后再回头看看跟在她身后的皮卡丘，摇了摇头，喃喃道："大概他一辈子也不懂：忧郁的狗比较帅。"

沈默好不容易这个周末不用加班，之前又定了《暗恋桃花源》的票，睡了个懒觉，沈默决定带豆花和皮卡丘出门逛逛，然后晚上去看话剧。豆花和皮卡丘坐在便携车里显得很兴奋。毕竟，这种"进城"逛街的日子对他们来说并不常有。

当电梯的门再次打开，豆花怀疑自己是否有了瞬间移动的能力，前一秒，他们还在宁静安详的小乡村，后一秒就来到了喧闹时尚的摩登大楼，"嗯……这个光怪陆离的世界！"在看到超市里各式各样的零食激动到眩晕之前，这是豆花脑中最后的想法。沈默带着他俩一顿扫荡，吃饱喝足打算去看话剧，站在扶梯口抬头望着这栋似乎怎么也望不到顶的vertical shopping mall，觉得有点可笑。这栋近在咫尺的商场，甚至不用回家就可以经过的商场，自己竟然想不起上一次来逛这里是什么时候了。沈默摇了摇头，打开便携包的拉链，再次嘱咐豆花和皮卡丘看话剧时不能乱讲话，然后把便携包掩在了搭在自己手臂上的大衣之下检票入场。

COURTYARD院

周一沈默突然接到要出差一周的通知，因为放心不下豆花和皮卡丘，沈默打算将他们俩先托付给C区的刘奶奶。刘奶奶是沈默在一天下班路上认识的，那时刚好碰到刘奶奶自己搬着一大堆东西回家，沈默帮着把东西送回了家，路上便熟稔了起来。刘奶奶住C区，也就是“OL”大楼居住体中最底下的BLOCK，这一区的格局以“庭院”为主题，住的大多是老年人；而沈默住的L区是居住区中间的BLOCK，以“街巷”为布置格局，住的大多是像沈默一样的年轻人。

沈默将豆花和皮卡丘托付给刘奶奶，又嘱咐了豆花和皮卡丘几句，就向电梯口匆匆走去。皮卡丘望着沈默的背影，朝着沈默追了几步，回头看豆花，豆花固执地站在原地，不看沈默。这样的场面似曾相识，豆花已经不记得这是第几次了，这算不算又一次的遗弃？那些说会回来接她的人都不曾回来过。皮卡丘每追几步便回头看看豆花，就这样几步一回头，直到沈默消失在电梯厅，皮卡丘望着关闭的电梯门，然后，转身回到了豆花的身边，蹭了蹭她。

好在还没来得及尽情悲伤，豆花和皮卡丘就吸引了爷爷奶奶们的注意，豆花和皮卡丘的到来让这里热闹起来。刘奶奶自老伴儿去世后，一个人搬到了这里，儿女们都忙于工作，每天也就和院子里的老

头老太太们下棋解闷，有时也会去大楼里的书店看看书，生活安宁却似乎太过平淡了。而豆花和皮卡丘每天在刘奶奶的屋子里跑圈打闹就可以闹个大半天，给刘奶奶带来了新的乐趣。

皮卡丘很喜欢这里，因为他可以撒欢刨坑。他最喜欢这里的院子，昨天在一层的刘奶奶家门前几平方的小菜地里打个滚，今天又在三层的李叔叔屋后花田里扑蝴蝶，不想动的时候就躺在环绕房屋的草坪上打盹。皮卡丘告诉豆花，这里很像他以前的家，有院子，有花花，可以玩球，可以四处溜达 …… 以前的家，皮卡丘摇着尾巴，沉浸在过去的回忆里：以前，那是多久之前呢？每天和老主人在一起，一起散步，一起吃饭，一起晒太阳 …… 那个时候，阳光很好，日子很慢。皮卡丘摇着摇着，有点难过，他想到老主人去世后，小主人带他去了新家，没有了院子，不能刨坑，也没有人陪他玩球，带他遛弯，小主人嫌弃他的闹腾 …… 皮卡丘的尾巴沮丧地耷拉着。但忽然，又摇了起来，还有豆花啊，幸好后来遇见豆花啦！皮卡丘想到他与豆花在公园的相遇，觉得虽然这里好像与以前的家似乎有哪里不太一样，但那不重要。豆花不以为然，觉得皮卡丘没有见过世面，太容易满足，高冷的猫绝不能如此的没有眼光。

一周后，沈默来接豆花和皮卡丘的时候，皮卡丘开心极了，不停地朝豆花使眼色，一脸骄傲的神情里写满了“我就知道她一定会回来的！”豆花那张间歇性面瘫的脸上也开始有了表情。沈默见豆花和皮卡丘在这里过得很自在，便与刘奶奶商议，每天沈默上班前把他们送到C区，下班后再来接他俩。刘奶奶欣然接受。

有时，豆花也会想，这样的生活是不是很好。这里很美，有花有草有阳光，有每天晚上来接他们回家的沈默，有总是乐呵呵的爷爷奶奶，虽然有时他们无意间提到自己孩子时眼角也会闪着泪光，还有，嗯……才不会承认呢，还有喜欢刨坑的皮卡丘，这里到处都可以刨坑……“诶，官配呢？”豆花有点生气，“最近皮卡丘老打盹，也不像以前那样时时跟着她。果然公狗都是骗子！”她想。被豆花咒骂的皮卡丘在昏昏沉沉的睡梦中打了个喷嚏，又沉沉睡去了。

豆花不知道，她的九条命里每一条都是重生，所以豆花还年轻，然而皮卡丘老了。

GARDEN园

大概是发现了皮卡丘最近精神不济，刘奶奶猜想豆花和皮卡丘是在这里待久了觉得无聊，便开始时常带他们出门溜达，有时去书店逛逛，有时去楼下的稻田溜达，有时也会带到他们去大楼居住区的顶部G区。

在这里住得久了，豆花和皮卡丘也开始明白“OL”大楼的结构了。第一次去G区的时候，豆花很兴奋，又有点害怕。好在皮卡丘紧紧地跟在她身后。豆花恐高，皮卡丘知道；皮卡丘也恐高，豆花不知道。

电梯门打开的瞬间，豆花和皮卡丘被映入眼帘的绿意和阳光打动，他们似乎来到了一个大公园，但走几步又确实能碰到人家。亭子里有人在噼里啪啦地敲着键盘，叽叽喳喳的；长椅上有相互依偎着的夫妻，安静着不说话；草坪上小孩子们嬉笑打闹着；长廊上有情侣在闹情绪，吵着无伤大雅的架……抬头能真切感受到阳光和天空散发出自由的味道，脚下踩着的是真实的散发着青草味的泥土，脸上拂过的是真实的从江边吹来的潮湿的风……这里，是哪里？

豆花独自走在屋顶边缘，望着江里来来往往的船只，想道，就这样是不是也很好。这里很美，有花有草有阳光，有每天晚上来接他们回家的沈默，有总是乐呵呵的爷爷奶奶，有生活在这里怀抱着各自阴晴圆缺、疗伤欢愉的人们，还有陪伴了她这么久这么久，等待着她每一次醒来，如今正在走向死亡、再也不会醒来的皮卡丘。

皮卡丘在昏昏沉沉的睡梦中打了个喷嚏，醒来察觉到身旁没有豆花的温度，旋即警觉起来，四处张望，当他看到屋顶的身影时一阵寒意袭来，用尽力气嘶吼着冲上屋顶，将豆花从屋顶上赶下来，颤抖的四肢和毛发暴露了他的恐惧。豆花一改往常的暴脾气，抚摸着皮卡丘竖起的毛发，笑着说："我不会跳楼的，那样死得不好看，我会控制不

住自己恐高的表情。”豆花蹭了蹭皮卡丘，想了想，又说：“我要守着你啊。”皮卡丘愣了愣，方才的恐惧、惊厥与战栗此时化作了席卷全身的疲惫，他瘫了下来，有些虚弱地倚靠着豆花，他的毛发不再发亮，身体也不再像刚来时那么健壮，此时的水稻田大概很容易就能藏起他吧，皮卡丘似是喃喃自语又好像是对着豆花说：“我v也一直守着你啊。”便又睡了过去。豆花点点头，轻轻地蹭了蹭，没有说话。

豆花突然想起她和皮卡丘看过的唯一一场话剧中的台词——

“好安静。从来没有见过这么安静的上海。感觉上，整个上海只剩下我们两个人。你看那水里的灯，好像……好像梦中的景象。好像一切都停止了。一切是停止了……街灯，秋千，你和我，一切都停止了。”

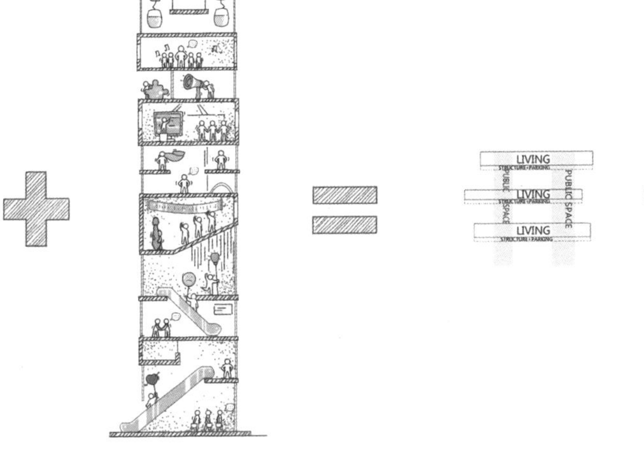

水平居住空间+垂直公共空间 概念图

剖面图

立面图

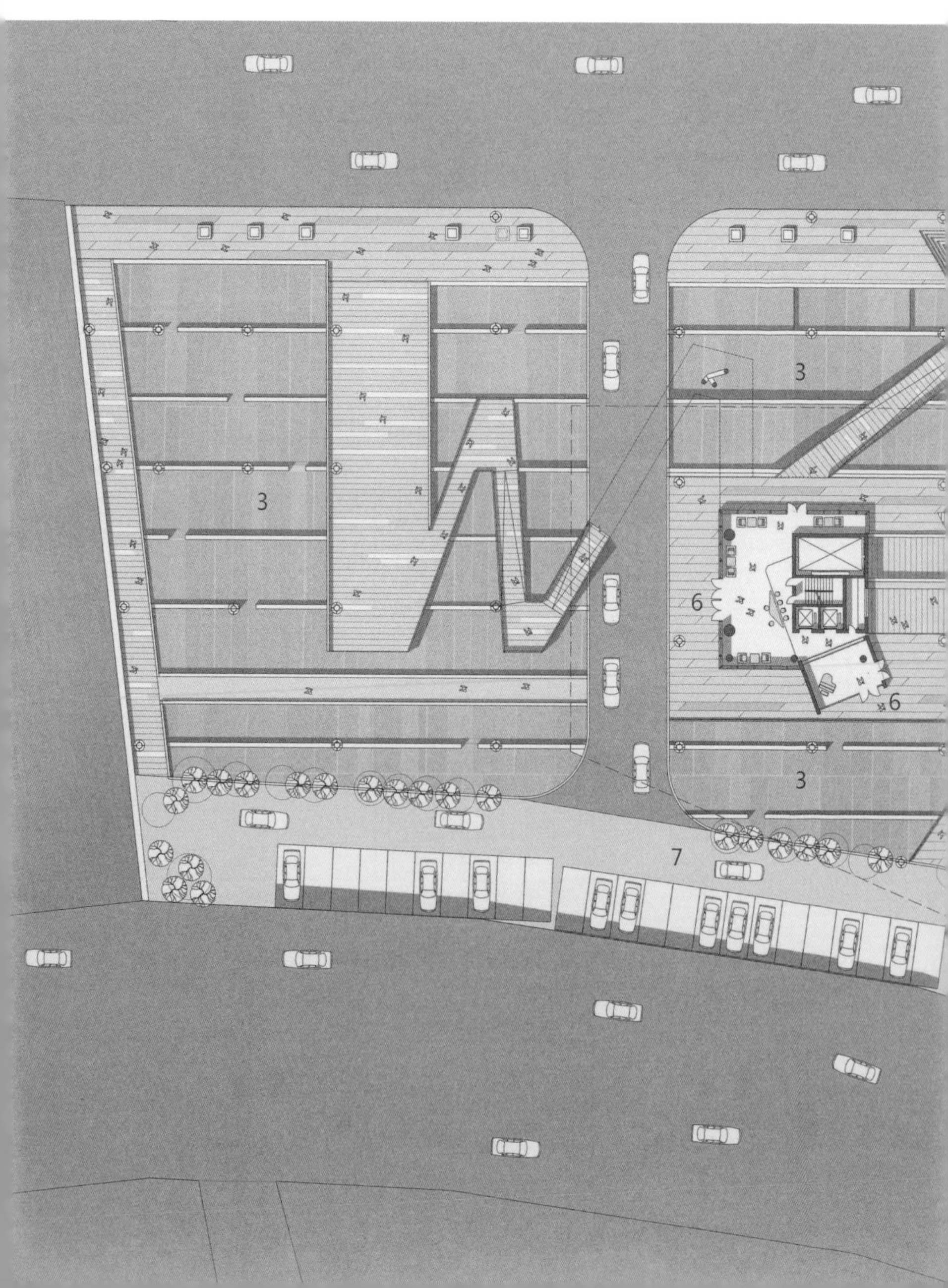
3
3
6
6
3
7

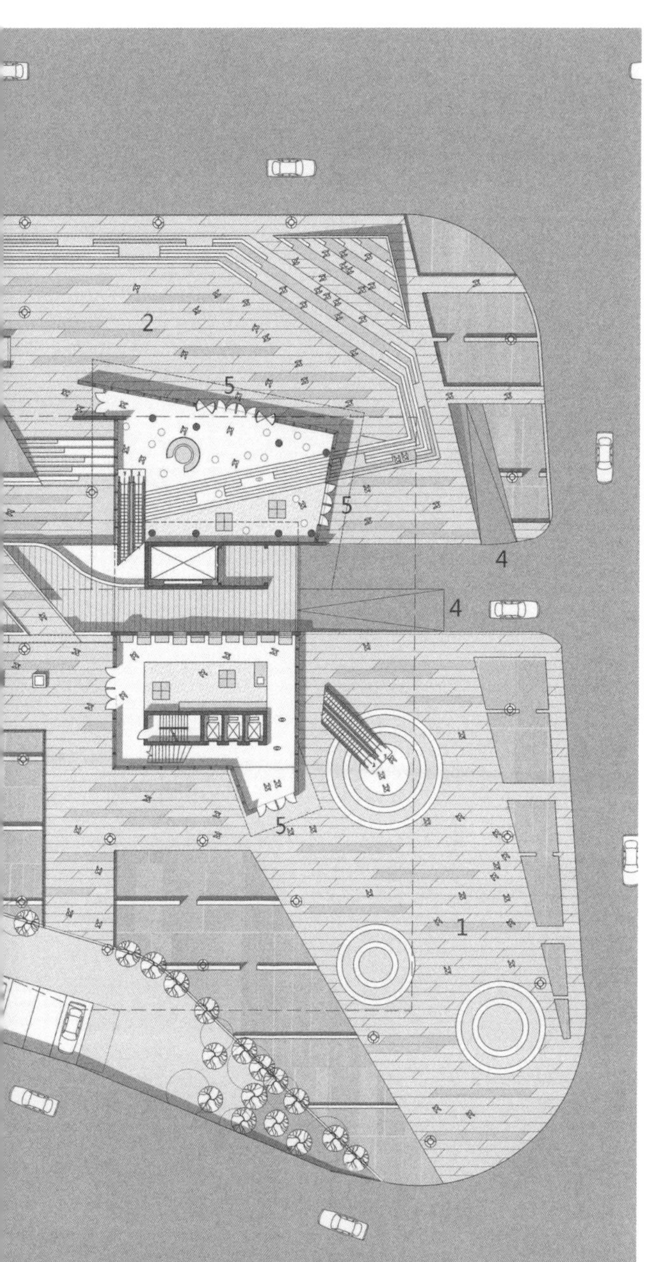

一层平面图

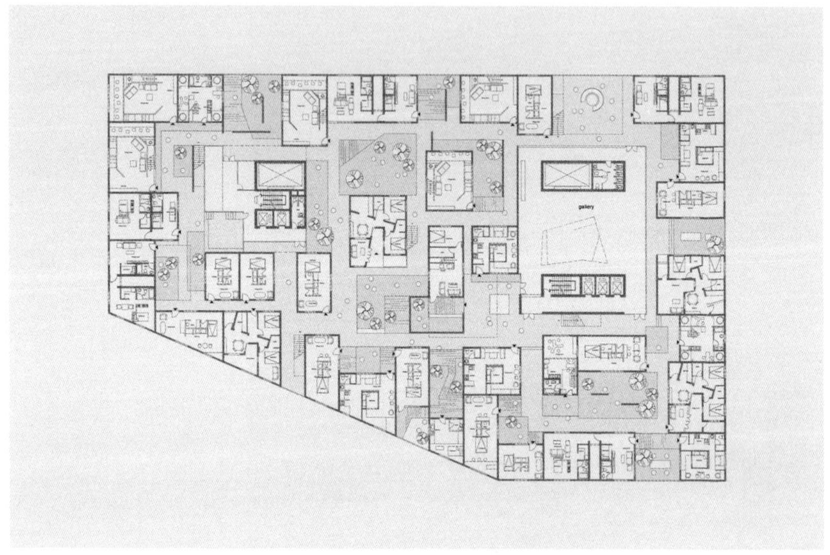

COURTYARD院一层平面图

COURTYARD院二层平面图

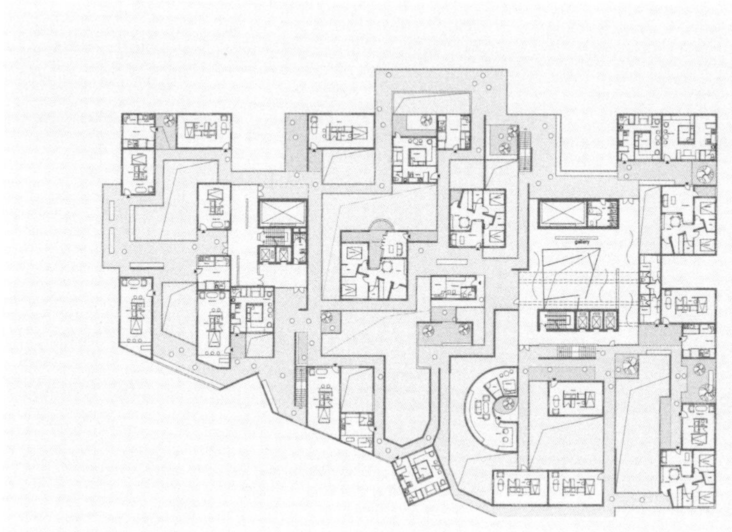

COURTYARD院三层平面图

LANE巷一层平面图

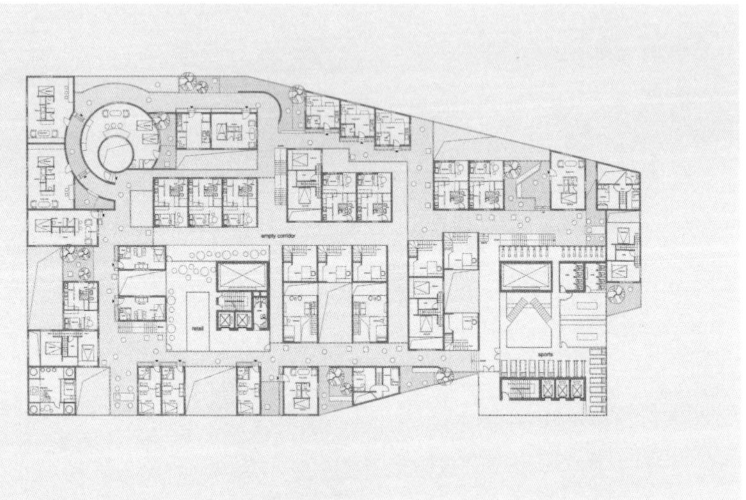

LANE 巷二层平面图

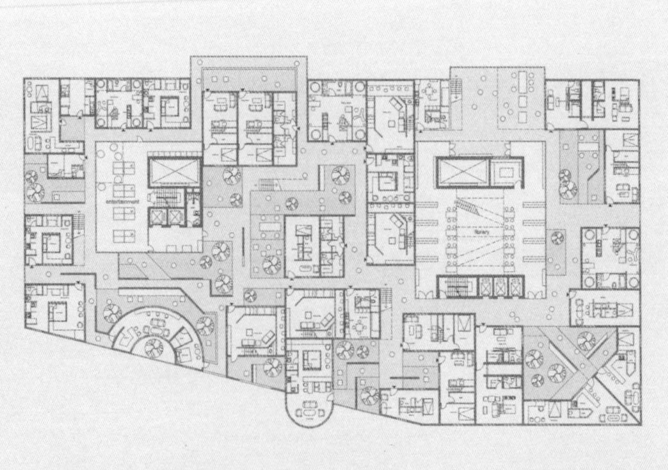

GARDEN 园一层平面图

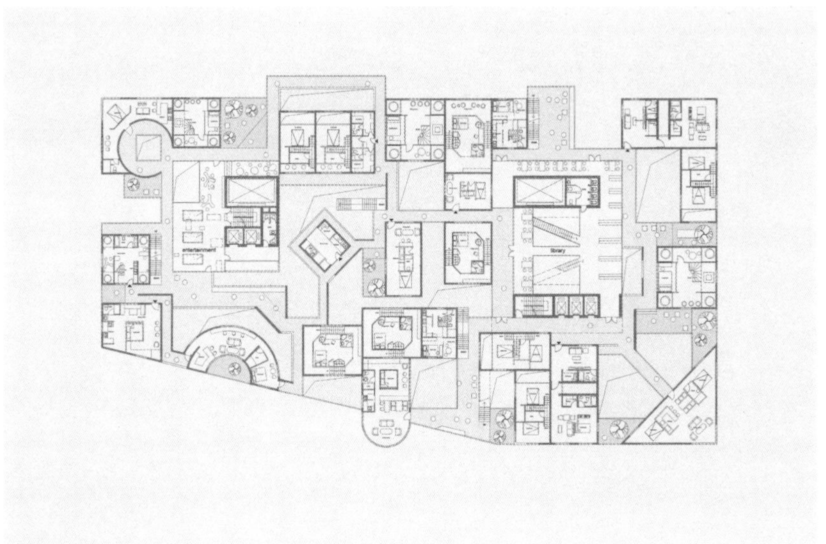

GARDEN园二层平面图

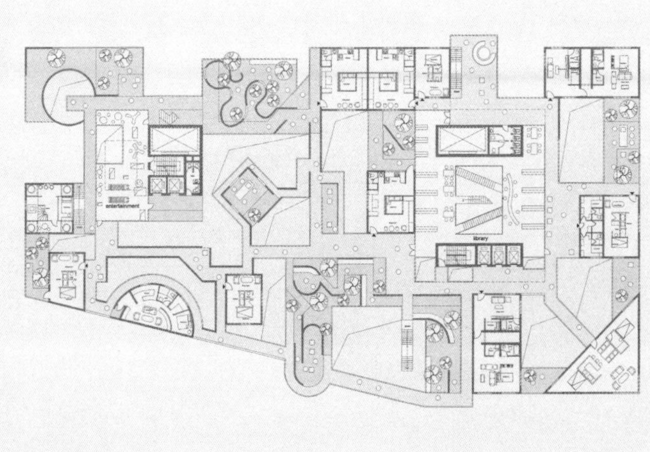

GARDEN园三层平面图

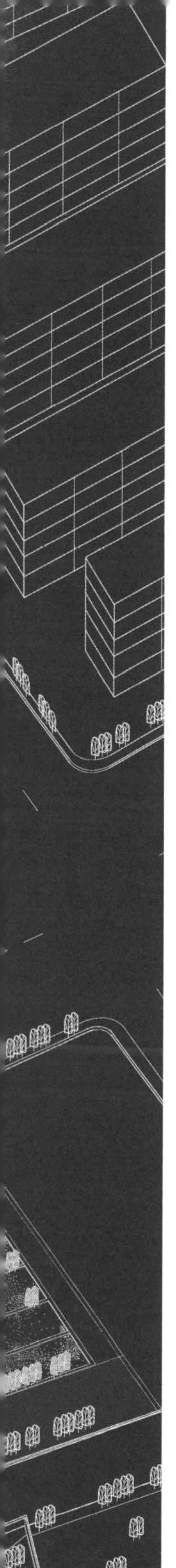

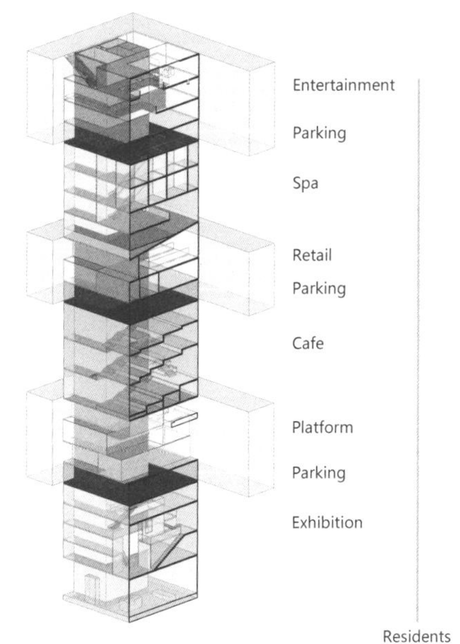
Entertainment
Parking
Spa
Retail
Parking
Cafe
Platform
Parking
Exhibition
Residents

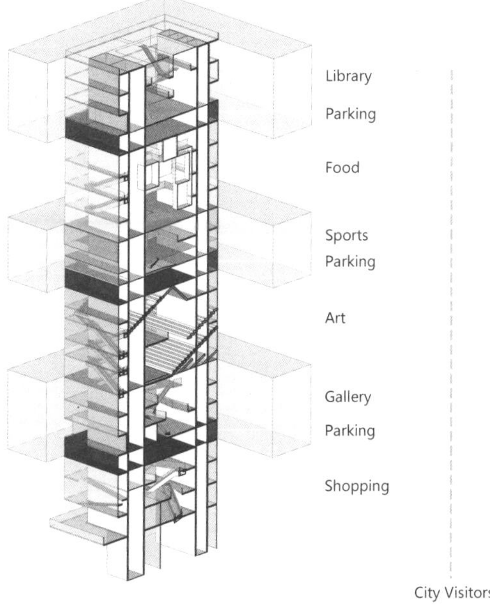
Library
Parking
Food
Sports
Parking
Art
Gallery
Parking
Shopping
City Visitors
Residents

竖向分析图

THE FRAME
沉默的多数派

Wang Zhuyun, Xu Silu, Zhu Jinran
王竹韵 / 徐思璐 / 朱尽染

50
道路封闭
车辆绕行

杨浦大桥附近的The Frame公寓，社区活动中心里，记者正采访一位老人：

“您觉得这座公寓里住着的都是什么样的人？”

“你看这些方形窗格，每一个都是相同的，里面住着的都是差不多的普通人啊……”

普通的理工男，穿格子衬衫，戴黑框眼镜，背黑色双肩电脑包，貌似在附近某所大学读书的样子；普通的女律师，穿职业套装，黑发高高盘起，路过的时候高跟鞋踩出的嗒嗒声尤其响亮；普通的保安先生，在楼下银行工作，一身制服总是熨得平整，七点半上班，五点半下班；普通的女老师，总是收拾妥当的完美形象令人印象深刻，当然还有时常挂在脸上向日葵般的笑容；普通的年轻作家，好像不太出门，一般遇到都是在楼下的便利店，口罩和帽子反而提高了他的辨识度。

不过……

理工男虽然只是个大学生，却没有住在学校宿舍，而是选择了这处租金不算太低的公寓；女律师一到周末就不见人影，没有人见过她不穿职业套装时的模样；保安先生的工作时间明明非常规律，有时却会见他拖着两个大大的黑眼圈；据说有人见过女老师咬着一片面包向学校狂奔的场面；年轻作家时而买百事可乐，时而买可口可乐。

再普通的人，多少也会有一点奇怪的地方吧？

那一天，保安先生一如往常在自家三角形阳台上准备变身超人出门送外卖的时候，他，卡住了……

这套小公寓因为阳台上有一根斜穿的桁架而便宜了几百块租金，保安先生在租下的时候从未想到，这几百块的代价会以什么方式落到他的头上。

由于手臂被卡得死死的，他没办法脱下身上的超人内裤，也就没办法变回原形。

但是手机还被紧紧地握在他手里——毕竟上面显示着还有二十

分钟他就要赔钱了——于是他挣扎着拨打了119。

当消防员们扛着各种工具破门而入，并紧张地冲到三角阳台准备解救他时，保安先生脸一红，幽幽地说："不好意思……可以帮我脱一下内裤吗？"

第二天，女律师和理工男在公共洗衣间相遇了。当手里各自提着巨大洗衣袋的两人注意到对方脚上穿的是同款粉色双子星拖鞋时，忍不住向后退了一步，并握紧了手中的袋子。

在等待洗衣筒自洁的过程中，空气中只有机器运作的声音，理工男受不了气氛的安静与尴尬，先开口了：

"嗯……你有没有听说最近那个变身超人的新闻？"

律师本来不是很想跟邻居闲聊，但是这件事情让她觉得很有意思："嗯，想不到我们公寓还住着这么厉害的人啊。"

"哈哈哈，我还以为你会不相信这种新闻呢。"

"是哦……"律师理性思考了一下，这件事情确实太魔幻了一些。可是夜里坐在窗前发呆的时候，谁不会稍微想象一下自己会飞着冲出窗外纵横星河的场景呢？

不过她忍住了说出这些想法的冲动，把衣服放进洗衣机后默默离开了。

回家打开微博，她点进最喜欢的coser的主页，又确认了一下她前段时间推荐的粉色双子星拖鞋，没错，就是这双……"有时会想，假如我是个男孩子你们还会喜欢我吗？"往下翻着coser主页上的微博，蓦然看到这么一条。律师望着落地窗外灯火辉煌的杨浦大桥，陷入了沉思。

某天律师出门的时候，撞见了住在对门的老师，对方向她露出向日葵般的笑容，这其实让她感到不太自在。

"早啊！说起来你那位室友，是只在周末出门吗？她的裙子真是太可爱了……"老师自顾自地说了起来。

室友？律师愣了一下，才明白对门说的是周末的自己。毕竟穿着全套lolita服饰、化着浓妆、戴着彩色美瞳和假发的她，和平时上班的她太不一样了。不过对门的话倒是给了她一点启发，一直努力隐藏的周末“lo娘”身份，只要说成是自己的室友，就一点破绽都没有了吧？

“啊哈哈是啊，她平时很少出门的，她……是个服装设计师！可以在家里工作。”

“哇！怪不得！想不到你们这么不一样，却可以相处融洽呀，好羡慕！”

律师微笑了一下作为回应，随即快步离开，换上了一贯的冷漠神情。

超人风波过去了一阵之后，在一个愉快的周五夜晚，老师在家打游戏打饿了，叫了一份外卖。没过多久，她感到窗外有一个不明物体“咻”地飞过，接着不到三分钟，门铃便响了。

“这是您的外卖，祝您用餐愉快，记得五星好评哦！”

“咦，您不是住在这栋楼里的保安先生嘛，怎么改行了？”老师凭借她惊人的认脸能力认出了门口的憨厚大叔。

“嘿嘿，您认得我啊，我呢白天当保安，晚上送外卖赚点外快嘛。”

保安先生露出朴实的笑容。

白天当保安，晚上送外卖，“咻……”，种种线索突然在老师脑海中联系了起来，她狡黠地笑：“莫非您就是超人？”

“您慢用！”保安先生的笑容突然消失，把门一关拔腿就跑。老师冲到门口一看，却见他打开同层另一间公寓的门就进去了。

“什么嘛，超人住在我隔壁啊。”老师一边吃外卖一边笑了。

周六，律师穿着全套lolita服饰，戴着假发，画着与平时截然不同的妆容出门，结果在电梯里遇到了理工男。

“嗨，”理工男微笑着打招呼，“……双子星吗？”

“你怎么看出来的？”律师大惊失色，一时竟忘了否认。

“我认人很厉害的，”理工男还是笑着，但是律师敏锐地察觉到他脸上的一丝难过，“毕竟我也……”

“嗯？你也……？”

“啊，到了。”电梯门开了，理工男向律师挥挥手，率先一步走出了公寓。

律师走在路上就觉得心里不太畅快。打开微博，翻到那位coser的那条微博，在评论框里输入了“会的”。想了想，又接着输入“毕竟我也……”

突然听到汽车喇叭声，律师一抬头才发现自己在过马路。还好今天穿得比较惹眼……这么想着，她快步过了马路，然后按下了“发送”。

也是在这天，老师一觉睡到了傍晚，穿着宅T，打着哈欠去楼下便利店买吃的。打开冷藏柜，却发现有一只手和她同时伸向了最后一罐可口可乐……

那只手很快地缩了回去。

老师扭头一看，是一个戴着口罩穿着连帽衫的年轻男子。

对方见她看过来，目光开始躲闪，手却做了一个“请”的动作。

“谢谢你啊！”老师习惯性地露出她标志性的灿烂笑容，并建议道：“这边百事可乐还有唉，你要买吗？”

口罩男摇摇头，用很轻的声音说了句“不爱喝百事，谢谢”，转身拿了瓶矿泉水，离开了便利店。

老师提着便利店袋子晃晃悠悠地走回家，远远就看到一位穿戴华丽的“lo娘”，便一路小跑追上去。

“嗨！”听到老师打招呼，lo娘似乎吓了一跳。“我住你对门，跟你室友认识哦。”

“啊……这样。”lo娘犹犹豫豫地小声回应。

一路沉默。到了家门口，老师笑着朗声说：“超喜欢你的裙子！下次见咯！”

lo娘点点头，掏钥匙开门，却又像想起了什么似的，转过头来

说：“其实……”

“嗯？”

“其实她不是我室友啦。她就是我。我周末形象会和平时差别比较大就是了。”

“哦？”老师惊讶了一秒，又恢复成笑脸，“其实有点猜到哈哈。”

对方也笑了，打开门又迟疑着回头，“那你呢？是不是也可以在我面前放松一点……”

“什么意思？”老师脸上的笑容有点僵住。

“不开心的话不用一直勉强自己笑吧。”对方像是下了什么决心似的说，说完就逃进自己家里，关门前却又探头对呆住了的老师说，“对不起啊，擅自说了这么多……”然后迅速关上了门。

老师在原地站了好一会儿。

律师进了门就瘫倒在了沙发上。

“我都说了些什么呀……不知道是下午的女装coser理工男给我的刺激还是身上的小裙子给我的勇气……”律师捂着脸自言自语道。冷静下来后，她打开微博，通知栏却没有红点。“难道是我想多了？”她不死心地点进那位coser的主页，却发现左下角变成了“互相关注”。

第二天也是周末，老师想起昨天的口罩男，决定在同一时间去便利店制造一下偶遇，果然，口罩男又在六点零五分出现了！他今天没有戴口罩，穿了一件和昨天同款却不同色的连帽衫，这让老师心生疑惑。不过更奇怪的是他今天拿了一罐百事可乐！

老师还是走上前去和他打招呼：“嗨！你昨天不是说不爱喝百事吗？”

没有戴口罩的口罩男看了她一眼，满脸写着“你谁？”，这让老师更加困惑了。

“你不会不记得了吧？”

没有戴口罩的口罩男摇摇头，结账走了。老师却已经脑补出了一个有着一屋子五颜六色同款连帽衫、不时会和来自过去的少女互换身体的男主形象……

于是下一次遇到口罩男的时候，老师追了上去。今天口罩男戴了口罩呢。

“你是不是会和另一个人交换身体？像《你的名字》之类……”

口罩男看了她一眼，立即移开目光，沉默了好一会儿才说：“你小说看多了吧？”

“那你为什么一会儿买可口可乐，一会儿买百事可乐？有时戴口罩有时不戴可以理解，有N件同款不同色连帽衫也可以理解，但是我不信一个人可以同时喜欢两种可乐！”老师不依不饶。

口罩男好像笑了一下，但是躲在口罩后面看不清。他没有回应，从口袋里掏出一本有点破旧的小本子和一支笔就写了起来。一直到他们走出电梯门他才写完，撕下来递给了老师。那上面写着：“对不起，我不太擅长跟人对话。我是一个写小说的，刚才感觉你跟我正在写的一个人物很像，也是打破砂锅问到底的类型，因为我对这样的人不太了解，能否请你抽空接受我一次采访？报酬可议，谢谢！”

老师吃惊到捂住了嘴，因为这分明是她最喜欢的那位年轻作家

的笔迹。几个月前她还去了他的签售会，但是主办方说“作家比较害羞”，所以每本书都是他在房间里签好再递出来的。在一句话寄语的部分，她还让他写了……

“……我还让你写了‘不开心的时候为什么要笑呢？’”

作家像突然想起了什么似的，有点吃惊的样子，但是躲在口罩后面看不清。

之后的某天，老师在作家的家里接受了采访。这时她才知道作家有一位双胞胎弟弟，也就是那位不戴口罩的“口罩男”，因为作家患有社交恐惧症，他会帮作家进行采访等需要与人对话的工作。但是采

访进行到一半，老师就坚持不下去了，她站起身来夺门而出，结果在走廊上遇到了穿着轻lo的律师。这是律师第一次看到老师的哭脸。

“你没事吧？”

“你是对的，”老师试着冷静下来，“开朗啊，爱笑啊，自来熟啊，只是我认为自己该有的样子罢了……天天这样表演所以入戏到自己也被自己骗过去了，今天却被问到招架不住。”她没说完就走了。

数月后的一个周末，老师像往常一样窝在家里，突然响起了敲门声，是作家。他送来一本自己的新书，老师迟疑着收下了。她窝在沙发里打开它，结果从中午读到了黄昏，落地窗外的光线渐渐变暗，这本主人公跟老师特别像的书被她一口气读完了。

“偶尔哭一下好像也不错嘛。”老师望向窗外，天边已经布满了晚霞，她觉得心里畅快了不少。翻到最后一页，发现有一行作家写的字。

“我在好奇，社交恐惧症患者会喜欢上一个人吗？”

老师忍不住笑了，她打开房门，正巧律师也从房里出来。

今天她穿了T恤配草莓图案的短裙。

“今天怎么这么开心？”律师微笑着问。

“今天是真的很开心哦！”老师绽开向日葵般的笑容。

“哈哈看出来了。”

“你也是出去吃晚饭？不如咱们一起点外卖吧？”

“嗯？”

“会有超人送过来哦。”老师狡黠地笑了。

社区活动中心里——

“但是仔细看的话，这些窗格里面的窗帘可是各不相同的哦。”老人笑着补充了一句。

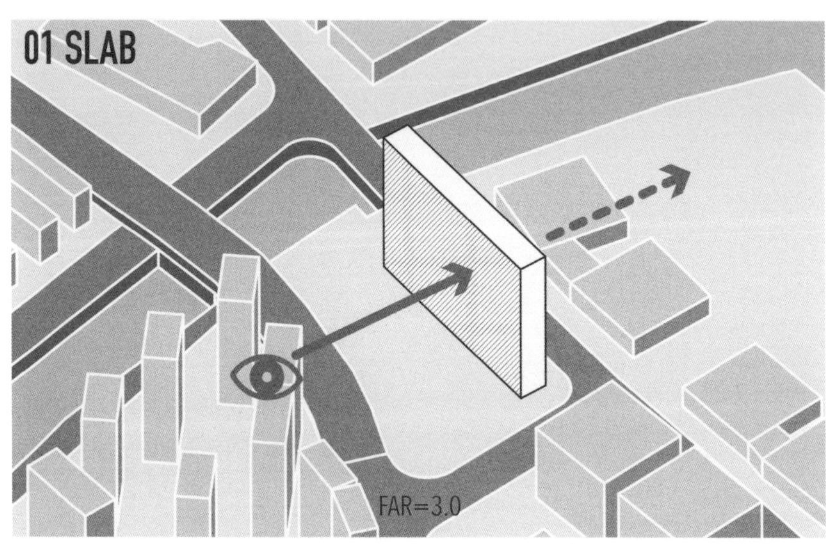
01 SLAB
FAR=3.0

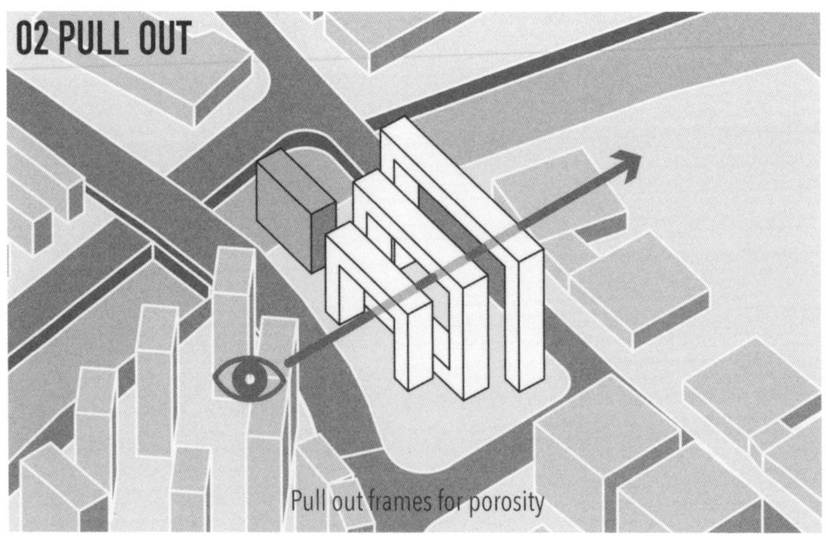
02 PULL OUT
Pull out frames for porosity

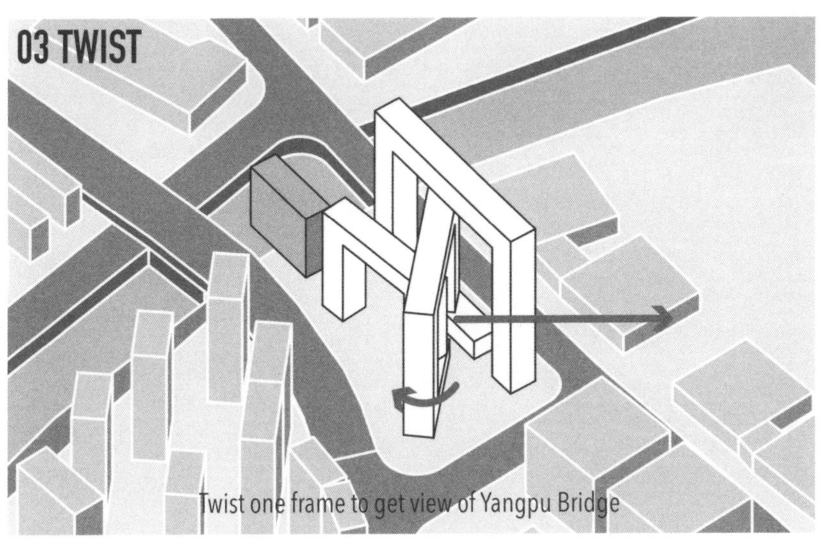
03 TWIST
Twist one frame to get view of Yangpu Bridge

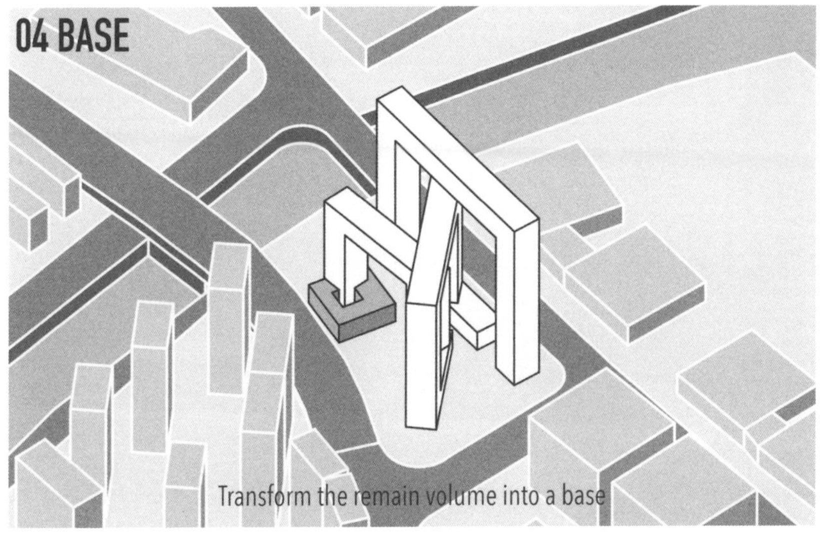
04 BASE
Transform the remain volume into a base

形体生成分析图

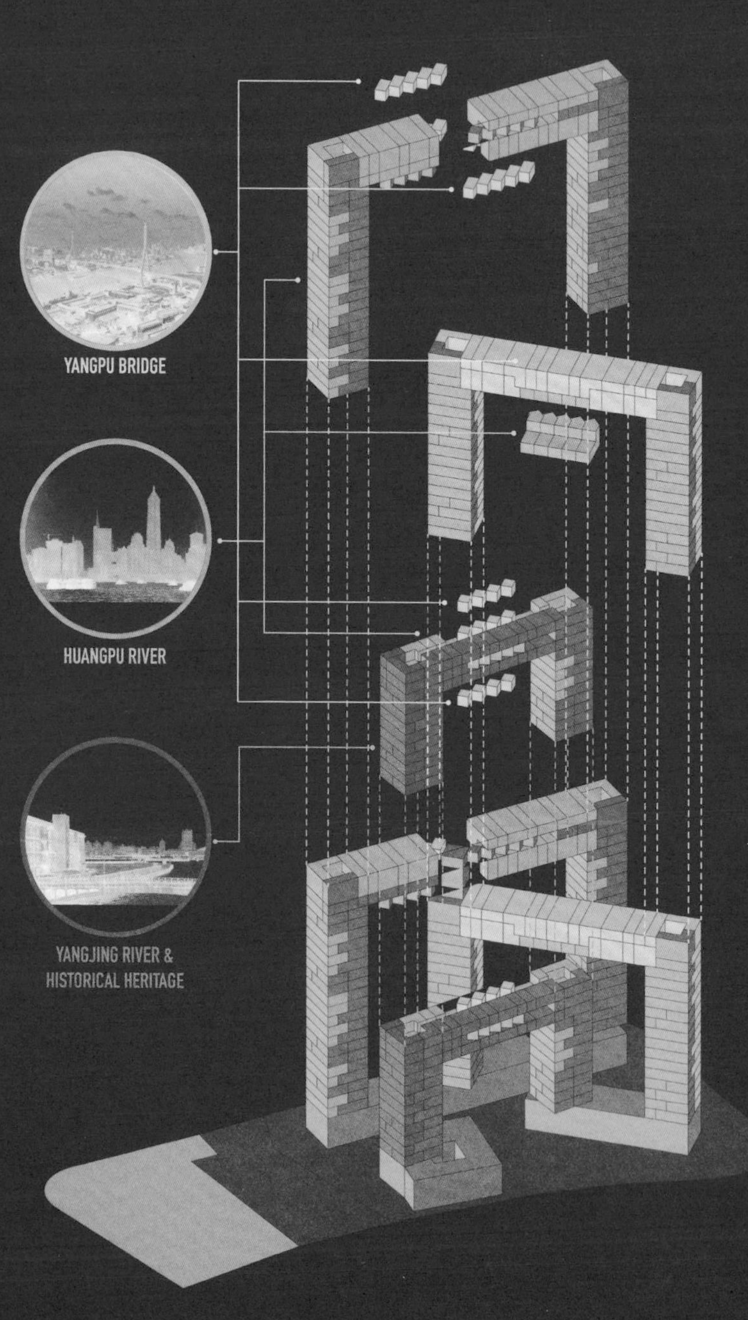
YANGPU BRIDGE
HUANGPU RIVER
YANGJING RIVER &
HISTORICAL HERITAGE

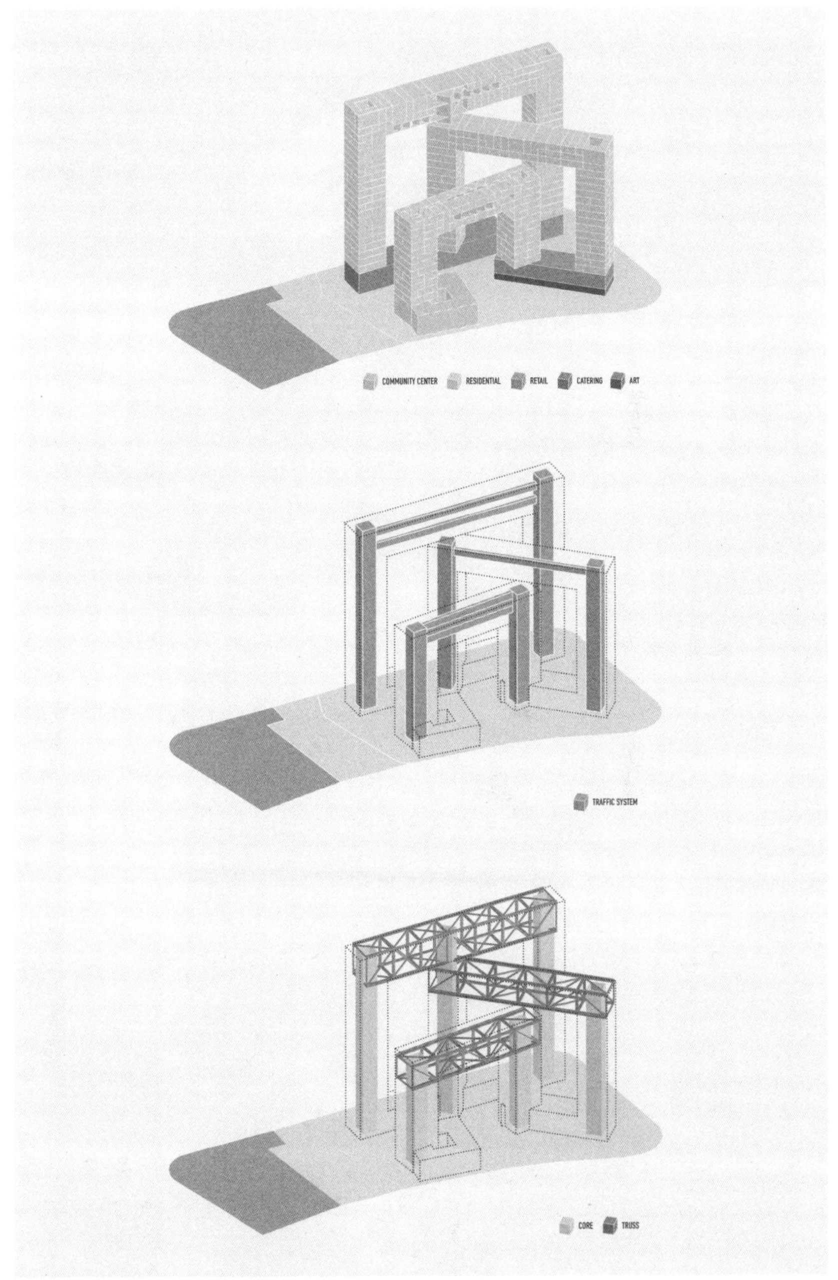
COMMUNITY CENTER
RESIDENTIAL
RETAIL
CATERING
ART
TRAFFIC SYSTEM
CORE
TRUSS

结构选择示意图

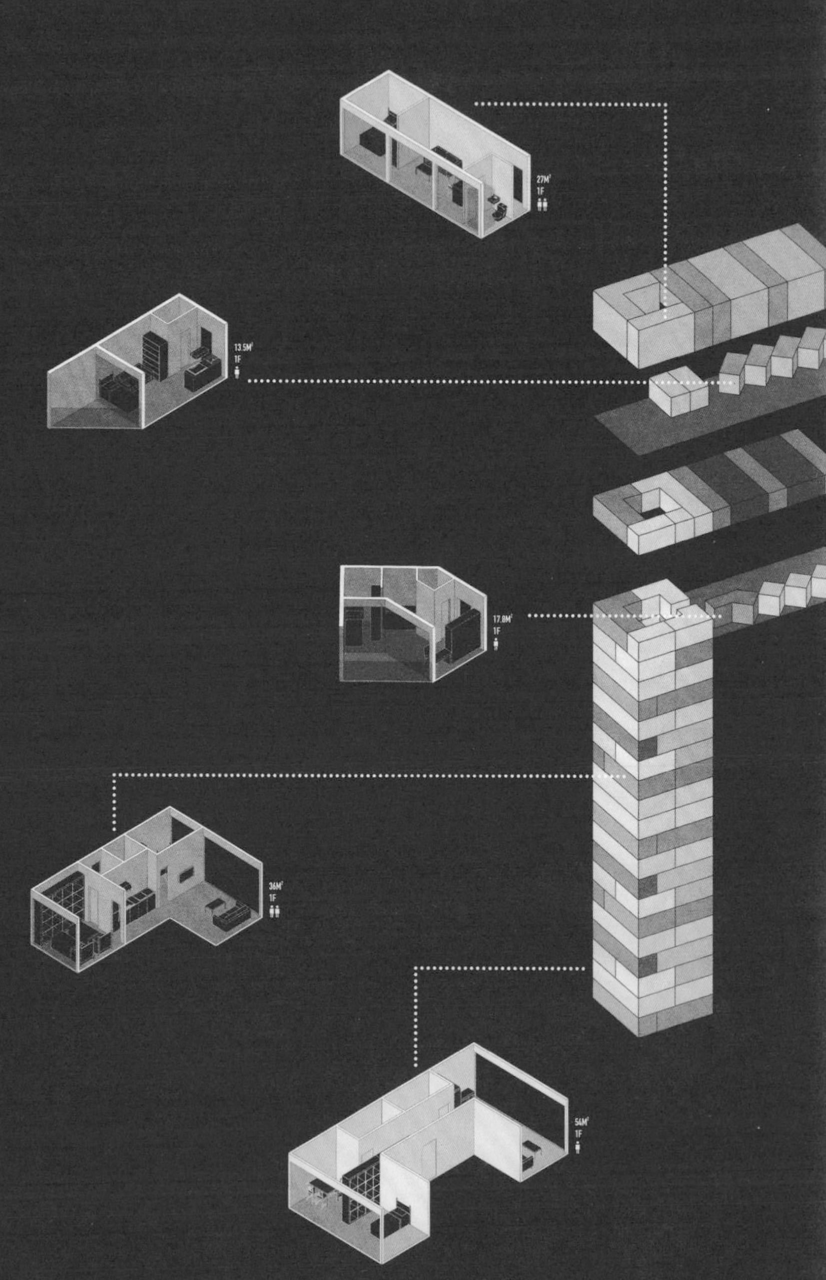

27M²
1F
13.5M²
1F
17.8M²
1F
36M²
1F
54M²
1F

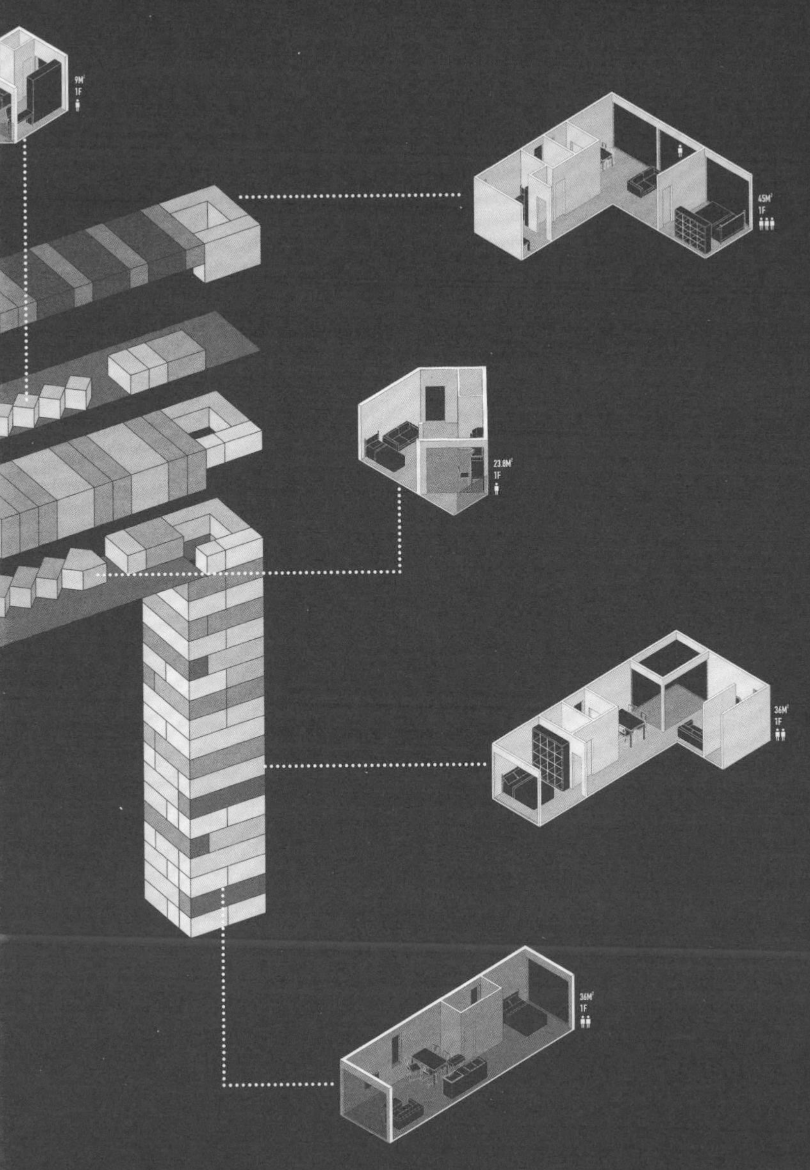

单元拆解示意图 1

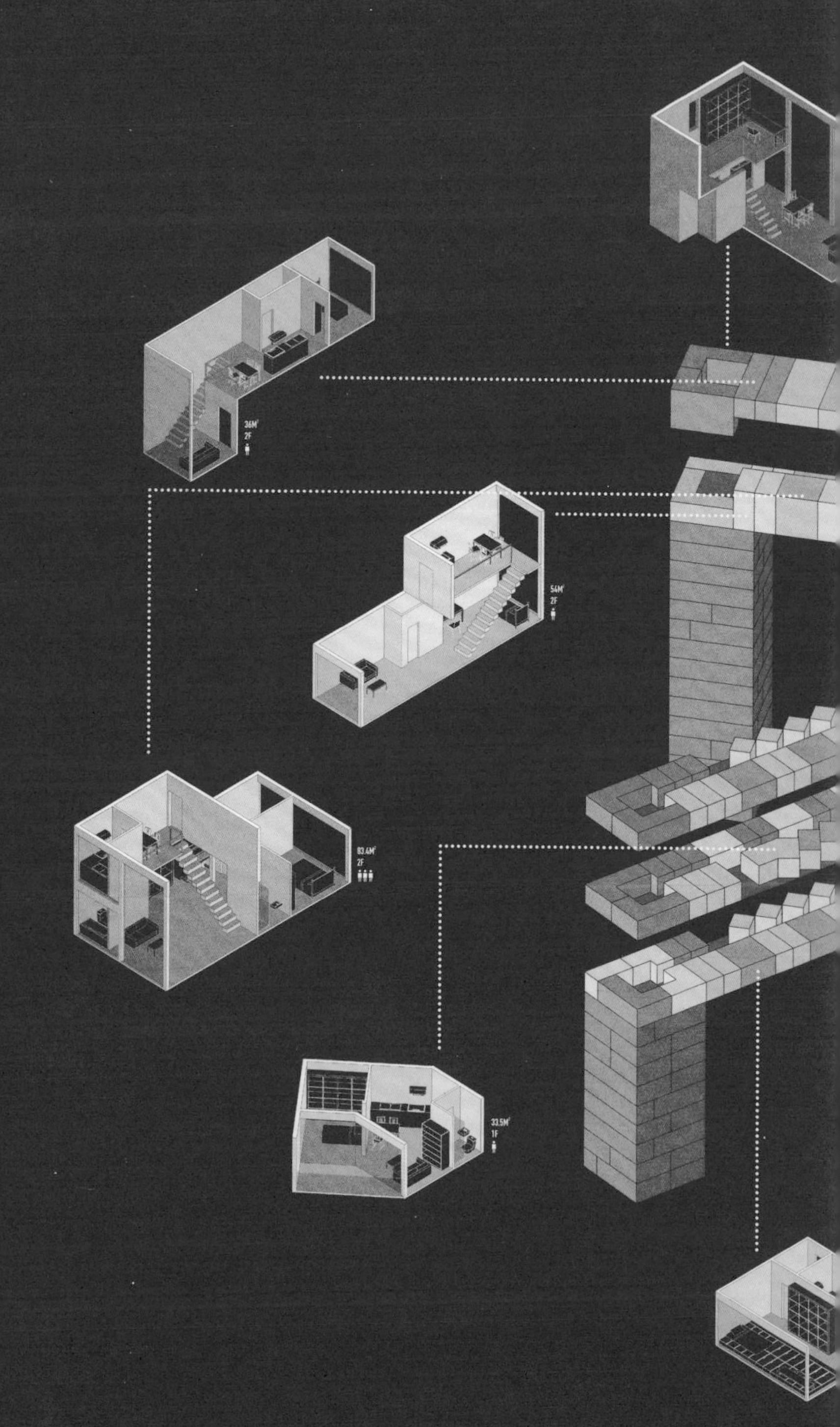

36M^2
2F
54M^2
2F
83.4M^2
2F
33.5M^2
1F

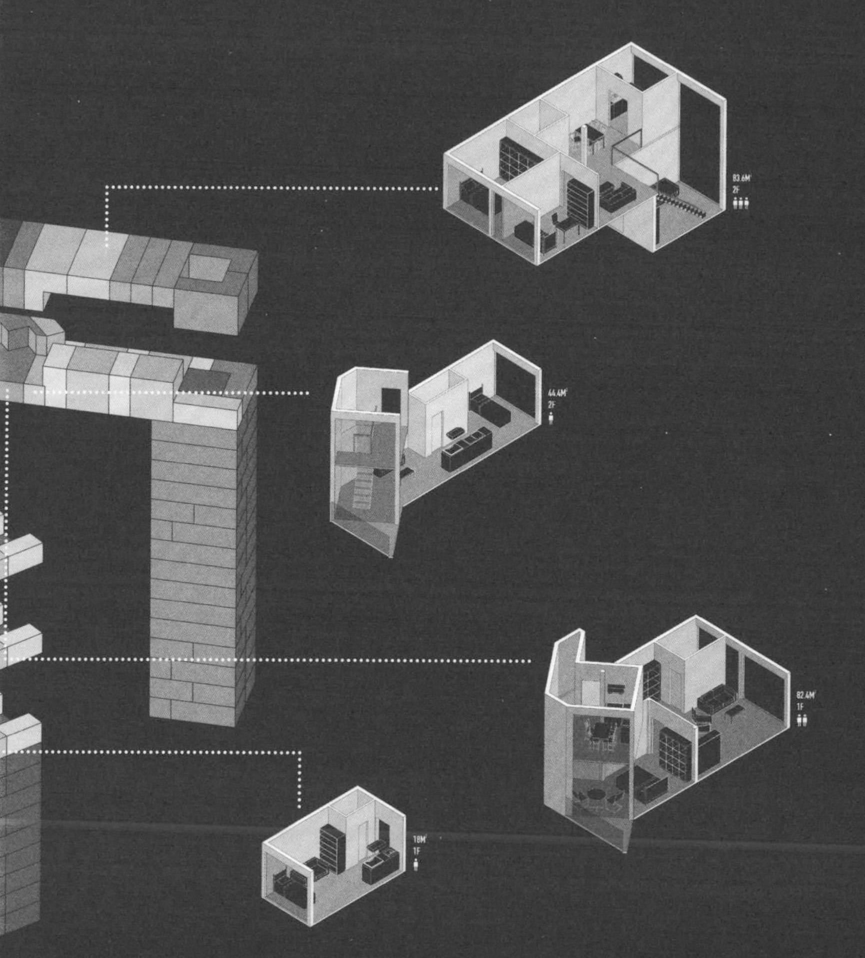

单元拆解示意图 2

SECTION 1:150

+80.000
+78.000
+75.000
+72.000
+69.000
+66.000
+63.000
+60.000
+57.000
+54.000
+51.000
+48.000
+45.000
+42.000
+39.000
+36.000
+33.000
+30.000
+27.000
+24.000
+21.000
+18.000
+15.000
+12.000
+9.000
+6.000
+3.000
±0.000
剖面图

VORTEX
涡旋

Zhang Chi, Wang Haoyu, Mei Qing

张篪 / 王浩宇 / 梅卿

BJ-311-TM

春夏交接之际，江风拂过脸庞很舒服，空气中弥漫着悸动的味道。生活还是一如既往环一般不停地兜转着、重复着。傍晚楼下小野猫持续不断甜腻地哼叫，提醒着每一个LOOP HOUSE的租户，躁动的夏天已然来了。

偶遇

杨浦SOHO对面的LOOP HOUSE里面住了不少跟丁芃一样的年轻人，眼睁睁看着上海的房价像点燃的窜天猴一样，一眼望不到头。政府对毕业三年以内的青年提供了补助计划，所以丁芃只需要支付一半的租金就可以住到视线绝佳的江景房，这里似乎成了刚毕业的年轻人打拼时最佳的住处。

刚回到家的丁芃一推门就看到徐添和他女友在沙发上卿卿我我的场景。他一边嫌弃地咂着嘴，一边把食物放进冰箱，并不觉得有任何羞赧和不妥。沙发上这两位，都是自己最要好的本科同学，本以为三人像是铁三角一般的好兄弟，谁知道，刚一毕业，另外两个就早有预谋般地搞在了一起，周末还总到自己这儿来。“发光发热”久了之后，单身许久的丁芃也是苦闷得很。

“你俩继续。”突然没了心情的丁芃跟他俩打趣，合上冰箱门，径直到二楼去了。这里被丁芃改造成了工作间，放着收集的各种手办、各种电子设备和他最爱的体感游戏机。今天阳光格外好，坐在电脑前，丁芃很自然地打开桌面上熟悉的文件夹，数以百计的照片中，都是同一个女生的身影，阳光自然，笑容就像今天的阳光，能化开丁芃心里一切难过和不安。

丁芃平时偶尔会到LOOP HOUSE的半层书店吃个午餐，点一杯咖啡，整个下午都泡在这里用笔记本写代码，一方面逼着自己接触一下外面的空气，一方面也强迫自己远离家里的各种电子设备，提高工作效率。一个月之前，书店门口突然贴出了一张海报，好像是公寓一年一度的二手贩卖季。对这种会有很多人出现的活动，丁芃向来是敬而远之；但是，恍然之间瞄到的名字却让丁芃眼前一亮。在最下方美工设计这行，写着一个名字——曦子。这让丁芃瞬间没了敲键盘的心情，站起身仔细阅读起来……

“丁芃！”熟悉的声音毫无预兆地响起。穿过熙攘的人群，丁芃的目光准确地落在了远处那个熟悉的身影上，正是曦子。喜出望外的他双脚似乎突然就不受控制，自然而然地就奔了过去。

“嘿？你这大宅男竟然也会到这种地方来，想淘点啥？你看我这个小蓝牙音箱怎么样？你要的话算你便宜点哈。”

“啊……没什么，我也是随便逛逛。”丁芃的手不自觉地放到后脑勺开始挠，努力挤出一个自然的微笑。

“你这个音响看着不错啊，正好我也缺一个，就卖给我吧，多少钱？我直接转给你。”

“逗你的啦，石一说你为了玩游戏专门卖了一套专业音响，怎么会瞧得上我这个小破玩意儿嘛，你要是真的想要，我就送给你。”曦子笑出了酒窝，跟丁芃打趣道。

“对了，难得今天你跟石一没有一起出现呢。”说着话，曦子戳了戳身边的石一，给了他一个颇有深意的微笑。丁芃这才发现，曦子旁边站的正是自己的好哥们石一，竟然一直都没注意到。

石一杵在旁边，眼神一直在四处游离。不过丁芃完全没有在关心这些，只是继续认真地看着曦子的眼睛，思忖着怎么开口。

“丁芃，你这身西装很好看啊，如果没记错的话，这是第一次看见你穿西装，眼光不错嘛！”

“是吗？上周石一与我去挑的。”

“哈哈，是嘛！”曦子开心地说道，转身投去了询问的目光。石一却是心不在焉，似乎没有在听两人的谈话。

“嗯，那你们继续忙吧，我再去逛逛其他的摊位。”好不容易鼓起勇气的丁芃瞬间偃旗息鼓，跟曦子招招手，便离开了。显然，他并没有心情逛逛其他的摊位，径直回了家。丁芃瘫在床上，脑海中回想着今天跟曦子说过的每一个字，辗转反侧。

“芃芃，快起来，你家楼下那个咖啡厅晚上有联谊活动！”徐添抓住丁芃的胳膊，一把将他拉了起来。丁芃顶着鸡窝头，睡眼惺忪地缓

了半天，爬起来简单地整理了一下中午没有来得及脱的衣服，就被徐添拉出门去了。

昏黄的灯光充满整个咖啡厅，鬼怪主题派对吸引了几乎整个公寓的年轻人。咖啡厅的中央被改造成了临时舞台，三人走进咖啡厅的时候活动已经开始了。徐添拉着丁芃就往舞台中央去，而丁芃的眼神却落到了远处卡座上的两人，正是今早在跳蚤市场“偶遇”的曦子和石一。丁芃正千思万绪地回忆石一和曦子的细节，远处曦子突然站起身来，朝着自己所在的出口方向小跑过来，脸色并不是很好。丁芃一把抓住经过自己身边的曦子，想要问个究竟。曦子抬起头，发现是丁芃，双手一环竟直接抱了上来。一瞬间丁芃的大脑就像是运行了一组无限循环的代码，突然就卡死了。他身体僵硬地绷直，感受到曦子在轻轻地抽泣。

曦子意识到自己的失态，退后一步，低声说了一句抱歉后夺门而去。待丁芃的大脑好不容易重启，想要去找石一问清楚这是怎么一回事时，却发现石一早已不见了踪影。

LOOP HOUSE西侧的江边平台，是丁芃的小型秘密花园之一。

平台风景独好，晚上一直没什么人，现在的年轻人似乎不太爱出门。丁芃从咖啡厅一个人溜了出来，坐在江边的小阶梯前，静静望着轻轻皱起的水面，心里很不是滋味。草丛里的小猫，今晚也知趣地噤了声。夜晚的江风带着沁人的凉意，轻轻地掀动着丁芃的衬衣，颇有节奏。他忍不住地想着石一和曦子两个人之间的点点滴滴，却是越想越难过。突然身后传来了沙沙的脚步声。

“石一？你……”

CD

这天是周末，也是LOOP HOUSE一年一度租户二手物品交易节开放的日子。每年的五月，在底层商铺屋顶的跳蚤市场专区，都会有许多住户出来售卖自己闲置的二手物品。曦子是这个活动的组织者之一，今年她搞了一个小的摊位，拉着石一一起参加。石一犹豫再三，最终抵不过曦子的百般劝说。

LOOP HOUSE的跳蚤市场专区平日开放给楼下乐活美术馆当作室外展区，参观的人不多，只有每年的物品交易节才是这里最热闹的时候。今年的交易节又遇上了江风徐徐的好天气，对面的杨浦SOHO举办了一个夏日滨江购物狂欢节，于是到二手交易市场一探究竟的人也比去年多了许多。

曦子出门前对着门口的穿衣镜仔细地端详了自己一番，确认着自己的妆容。“嗯，前天买的这支口红颜色真的好看，希望某人能识货。”想罢，曦子关上门，开心地飞奔出去。

顺着屋顶平台一路转下来，到达跳蚤市场的时候，石一已经早早地等在那里了，正在低头认真地发消息。察觉到曦子的脚步声，石一匆忙收起手机。穿了一件浅蓝青年布衬衫的石一，今天还是一如既往的清爽干净。逆着光站在面前的石一，脸上的绒毛被早晨八点钟的太阳照亮，让曦子一瞬间失了神。

曦子第一次见到石一是一年前石一刚刚搬进来的时候。那时候石一刚刚毕业，正在附近工作，LOOP HOUSE的青年长租公寓是最好的选择。曦子那天正在L2的共享健身空间骑动感单车，突然注意到右手边的门前有一个男生在向这边不停地观望，身形消瘦，但是目光炯炯有神，跟自己身边大多数油腻邋遢的同龄人很不同。看了一会儿，男生推门进来了。

“您好，请问在这边健身需要办卡吗？”石一怯怯地问道。曦子停下脚上的动作，认真端详着眼前这个男生，“不用的，这边是24小时的自助式健身房，拿手机扫一下机器旁边的二维码，每一台器械都是按时计费的。”曦子不自觉嘴角上扬，继续说到，“看你应该是刚刚搬进来吧，下次可以带你一起健身。你好，我叫曦子，住在顶层。”

随着两个人越来越熟悉，曦子发现跟这个叫石一的男生似乎有着永远也说不完的话，有什么事总喜欢叫上他一起。石一似乎与自己曾经交往过的男生都不一样，陪着自己的时候从不说累，逛街时也会对自己的选择给出他的意见。曦子能够感觉到自己对石一的感觉发生了变化，也时而会给出暗示，可一年的时间过去了，石一仿佛对自己的暗示视若无睹，充耳不闻。

曦子决定趁着今天的气氛，找个机会捅破这一层窗户纸。

随着前来咨询的人越来越多，曦子注意到石一时不时拿起自己的背包，然后放下。在曦子的询问之下，石一从背包中拿出了一个包裹。他轻轻地打开包裹，里面是一张周杰伦刚出道时候的台湾版限量专辑。专辑被保护得很完好，不过不论曦子怎么问，石一就是不说这张专辑的由来，这让曦子有些沮丧。石一把专辑放在桌子上，靠在自己的那一个角落，似乎并不想让人注意到它。

“诶？那不是丁芃吗？”曦子突然发现人群中一个熟悉的身影，戳了戳旁边的石一，问道。石一突然把头抬了起来，顺着曦子手指的方向看去。还没等石一做出反应，曦子便朝着丁芃的方向招呼起来。丁芃远远看到朝着自己招手的曦子，快步地走过来。

跟丁芃聊了没一会儿，曦子越发觉得今天的石一不太对劲。平日跟丁芃似一人之交的石一，今天竟然出奇地沉默，但丁芃似乎完全没注意到这一点。直到丁芃走后，石一都没说一句话，沉默到仿佛曦子身边没有这个人。

丁芃走了之后，空气中充满了一种诡异的氛围。曦子不断地说着不同的话题，但是身边的石一只是有一搭没一搭地应着，以往十分会接梗的石一今天仿佛是换了一个人。傍晚，二手贩卖的活动即将结束，石一一整天都不是很在状态，时而看着眼前的CD，时而目光穿过匆匆走过的人群。有人来问CD怎么卖，石一也是支支吾吾，不说价格。这让曦子始终没能找到机会，说出计划已久的话。

以曦子的性格，今天不说出口，她怕是真的要憋坏了。傍晚，石一帮曦子一起把东西送回家。

“走，今晚我请你吃饭，咱们去楼下咖啡厅，你也陪我一天啦，我好好犒劳你一下。”曦子说完跑到卫生间补妆。

心思比谁都细的石一其实从一开始就了解，曦子是喜欢自己的，只是他一直选择视而不见。他也知道今天曦子一直在很努力地找话题，只是今天他实在无法把思绪转移到曦子身上去。石一双手紧紧地把CD抱在怀里，想着要赶紧恢复状态，一天都没怎么认真地搭理过曦子，今晚正好趁着吃饭好好道个歉。

拽着石一来到咖啡厅，曦子就傻眼了，很显然她忘记今天咖啡厅有派对这件事。整个咖啡厅一改往日平静的气氛，整个空间里都是戴着面具的“牛鬼蛇神”。

曦子突然有些紧张。尽管自己平时是个大方开朗的女生，女生先表白这个事情自己也还是第一次做，她知道今天或许并不是最佳的时机，但是自己至少想知道一个结果。她跟石一两个人吃饭、逛街、看电影，两个人也非常聊得来，她把一切归咎到石一有时候比较沉闷的性格，如果自己不说破，可能石一永远不会对她表白。

看着桌子上石一的背包，曦子突然想起那张专辑，它现在应该就躺在石一的背包里。究竟有什么不同之处？石一把这个CD拿出来开始就一直心神不宁。曦子把背包拉到自己这边，把专辑轻轻地拿出来。虽然只是一张专辑，但是石一好像对它很重视的样子，所以自己也小心翼翼的，尽量避开拉链，不让封面产生划痕。

刚拿出来，曦子就有些后悔了，石一这么宝贝这个专辑，万一他一会儿回来看到生气该怎么办？想罢，曦子就着手往回塞。突然发现刚刚被一起带出来的还有一个非常朴素的本子，露了一半在书包的外面。这个本子外面虽然看上去朴素，但每一张内页都有不同的插画，是一个独立设计师的限量款手记本。曦子自己也是一个平面设计师，设计这个本子的作者刚好自己认识。

曦子轻轻地翻开本子，上面是石一挺拔清秀的字体……

6月26日，星期二，晴

今天空气很轻，微风拂过江面，轻轻地挑起他衬衣的一角。多希望时间能永远在这一刻停住，日日如昨。每当问他在想什么，他总是慌神地笑着说："没有啊。"我也就不再多问。

7月7日，星期六，晴

眼前穿着西服的丁芃让我一瞬间失了神，努力掩埋的回忆，突然就在脑海中抽丝剥茧般一幕幕的倒带。

可能他真的没有感觉到吧。

7月14日，星期六，夜

是时候放弃了，努力不去想，曾经夜不能寐、辗转反侧，却不停地提醒着——不可能的事情，始终不会有结果。

回忆

从前有个人爱你很久，但偏偏风渐渐把距离吹得好远。

“你知道今天是什么节日吗？”刚刚跑完步的丁芃和石一两人，在屋顶跑道旁的座椅上休息，石一突然趴在丁芃耳旁小声问道。

“嗯？什么节日啊，我记得七月没有什么很特别的节日啊。”

“嘿嘿，这你就不知道了吧，今天是国际接吻日。”石一眼神一亮，看着眼前的丁芃。

丁芃一边摘下被汗湿透的头巾，一边憨憨笑道：“哈哈，是吗？”但是他似乎并没感受到石一的目光，若有所思地看着天上。

夕阳的余晖透过薄纱似的云层在西边喷薄而出，把天空烫出一片金黄，而东边的月亮，正乘着晴朗而幽蓝的夜空缓缓移动。几只飞鸟在光芒四射的空中嬉闹着，似乎在迎接马上就要到来的凉爽的夏夜，而石一的眼神，却在这一片光芒中渐渐地黯淡下来。

夏天的夜晚，LOOP HOUSE的空中花园跑道成了绝佳的运动场所。丁芃和石一两个人总会约在傍晚的时候出来跑步，两个人也是在这里认识的。石一算是花园跑道的常客，一年之前选择住在这里的很大原因，也是因为这里有一个独一无二的屋顶跑道。从前石一会在学校的足球场跑步，这里的屋顶跑道虽说小了好多，但是空气却是格外新鲜。丁芃是半年前住进来的，作为非标准程序员宅男，丁芃偶尔会在晚饭之后出去跑步，而自从认识了石一之后，跑步就变成了一项每天固定的运动。

两人熟络起来之后，石一会经常到丁芃家串门，一整个房间的电子设备对每一个男生似乎都有天生的吸引力。

“你竟然买到了这张专辑！天哪！”那天下午，石一正坐在丁芃的CD架旁仔细地看着每一张专辑，没想到的是丁芃竟然还是个CD收藏家，这里有好多自己想买却没有买到的专辑。手中的这张《叶惠美》正是当年周杰伦在台湾发行的首版专辑，而丁芃这一张竟然有九九新。

“哈哈，正好当时去台湾玩儿，我特地到台北的各个音像店找，这还是一家音像店老板的珍藏，我求了好半天才答应转手给我。”丁芃带着VR眼镜在一旁玩游戏，一边手舞足蹈，一边自豪地回答着石一。

“这张我在网上找了好久，卖家要么狮子大开口，要么以次充好、

以假乱真。”石一翻来覆去地看着手里这张专辑，一会儿拿起来借着阳光看着表面的光泽，下一秒又趴下来认真地摩挲。

丁芃停下手上的动作，一屁股蹲在地毯上，摘下头上的眼镜，看着眼前的石一，眼神好像下一秒就要吃掉手上的专辑，思忖了一下，倏然灵光一闪。

“我记得下周三是你生日对吧？这张专辑就直接送给你当生日礼物吧！一定好好对待她呀。”

要说丁芃一点也不心疼那是骗人的，当初他为了拿到这张专辑，硬生生在老板店里磨了三天，偌大的台北哪儿都没去。老板看他的样子应该会好好珍惜这张专辑，最终才答应给他。看着眼前石一的样子，丁芃突然就想起了当时音像店里的自己。

“真的吗？！”石一已经激动得无法控制脸上的表情，紧紧地盯着丁芃。

“真的。”丁芃说出这句话的时候，石一似乎在他的脑袋后面，看到了佛祖的圣光。

没想到失去的勇气我还留着
好想再问一遍
你会等待还是离开
刮风这天我试过握着你手
但偏偏雨渐渐大到我看你不见
还要多久我才能在你身边
等到放晴那天也许我会比较好一点
从前从前有个人爱你很久
但偏偏风渐渐把距离吹得好远
好不容易又能再多爱一天
但故事的最后你好像还是说了拜拜

——《晴天》

阳光此刻正悄悄填满整个房间，把两人在地上的影子渐渐拉长。空气中漂浮的几颗刚从地毯上逃离的尘埃，似乎也在一瞬间放慢了游走的脚步。电视上游戏的画面暂停着，丁芃闭上眼睛，随着节奏轻轻地摇晃。

石一此刻看着逆光下的丁芃，心跳突然漏掉了一拍。他仿佛又一次站在了一个巨大的漩涡前面，而这种感受，他再熟悉不过了。

一个人在家的时候，石一总喜欢看看书，而随着和丁芃熟络起来，石一发现自己越来越不能够集中精力，往往没看几行，思绪就飘到了窗外，似乎那里逆着光站着一个少年，将自己刚看过的几行字一瞬间打散。他必须时刻提醒自己保持清醒，才能让自己的生活正常地继续下去，而这个漩涡却总是在他无意识的时候，悄悄地潜入他的意识中，不停地冲撞、掠夺。

他偶尔会把心事记在本子上，这让他的负罪感得到一丝丝缓解，却也加深了努力想要逃避的记忆。

尾声

石一把书包放在一旁，缓缓坐在了丁芃身旁。

“晚上的风真的是好舒服……”各怀心事的两人都沉默着不说话，还是石一先打破了沉默。时间仿佛突然静止，空气中只有风儿吹皱江水时发出的声音。石一甚至可以感受到自己的心跳。丁芃此刻正蜷着身体，把脸埋在双臂之中。

“丁芃……我……”

在石一开口的瞬间，远处滨江步道的灯光渐次点亮，音乐从丁芃的音响中缓缓响起，熟悉的旋律突然把时间拽回到天真无邪的年代，两个人默契无言，安静地听着，远处深绯色的杨浦大桥越来越模糊。

LOOP HOUSE的点点灯光映照在江面，随着江水，淌成一片星光。

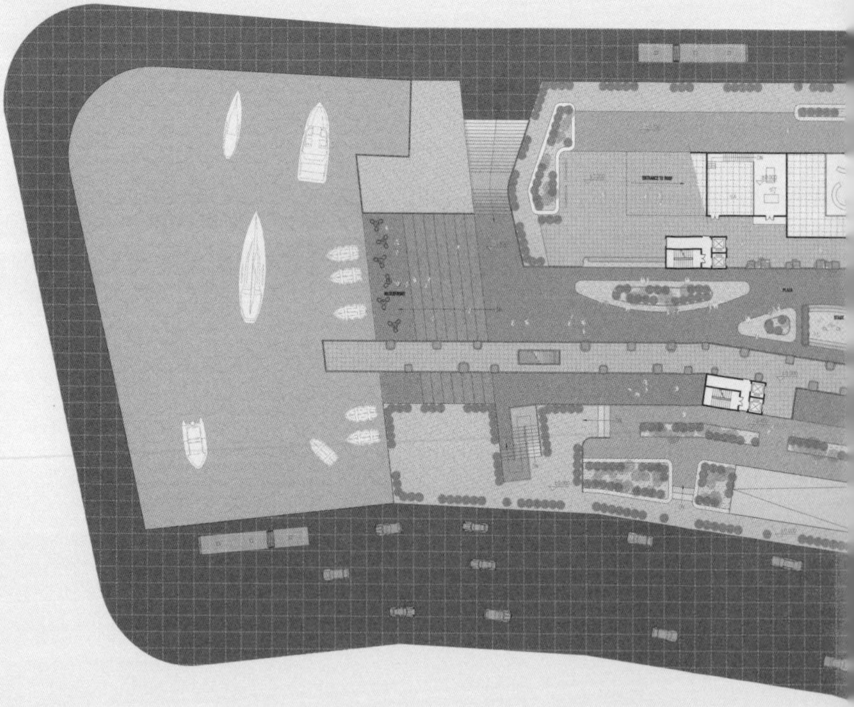

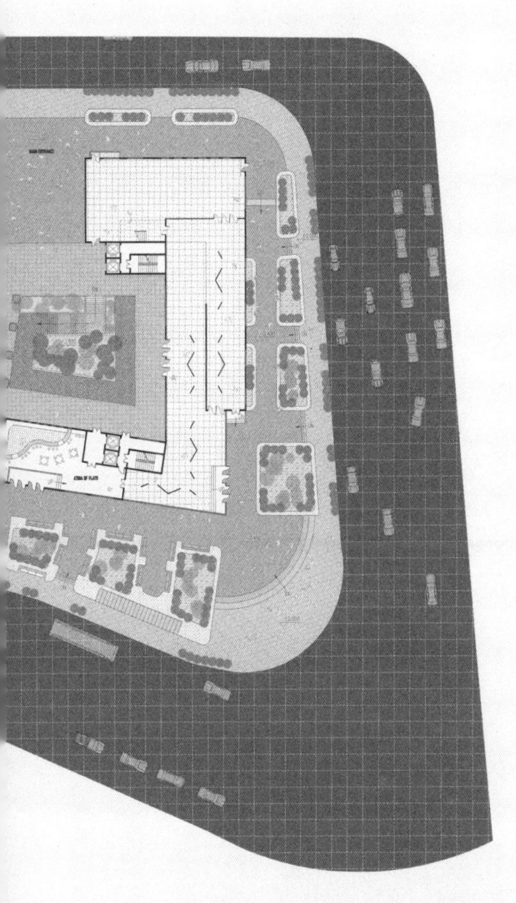

总平面图

15m 平面图

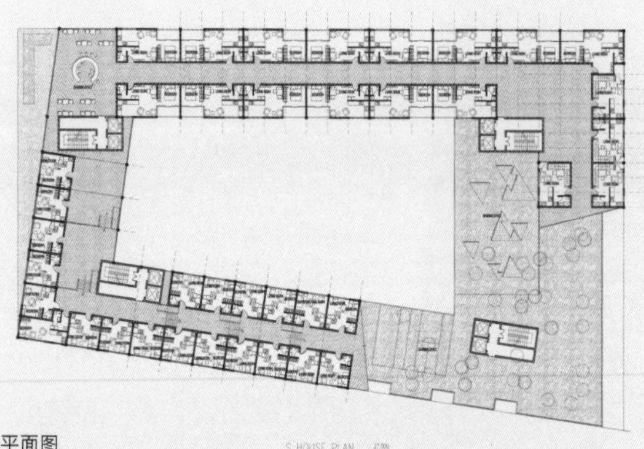

27m 平面图

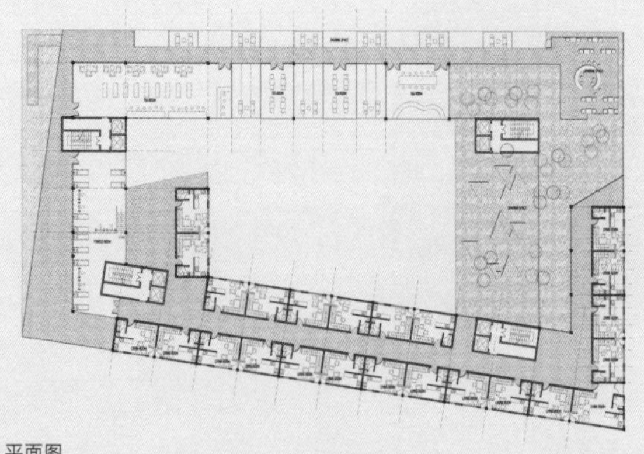

36m 平面图

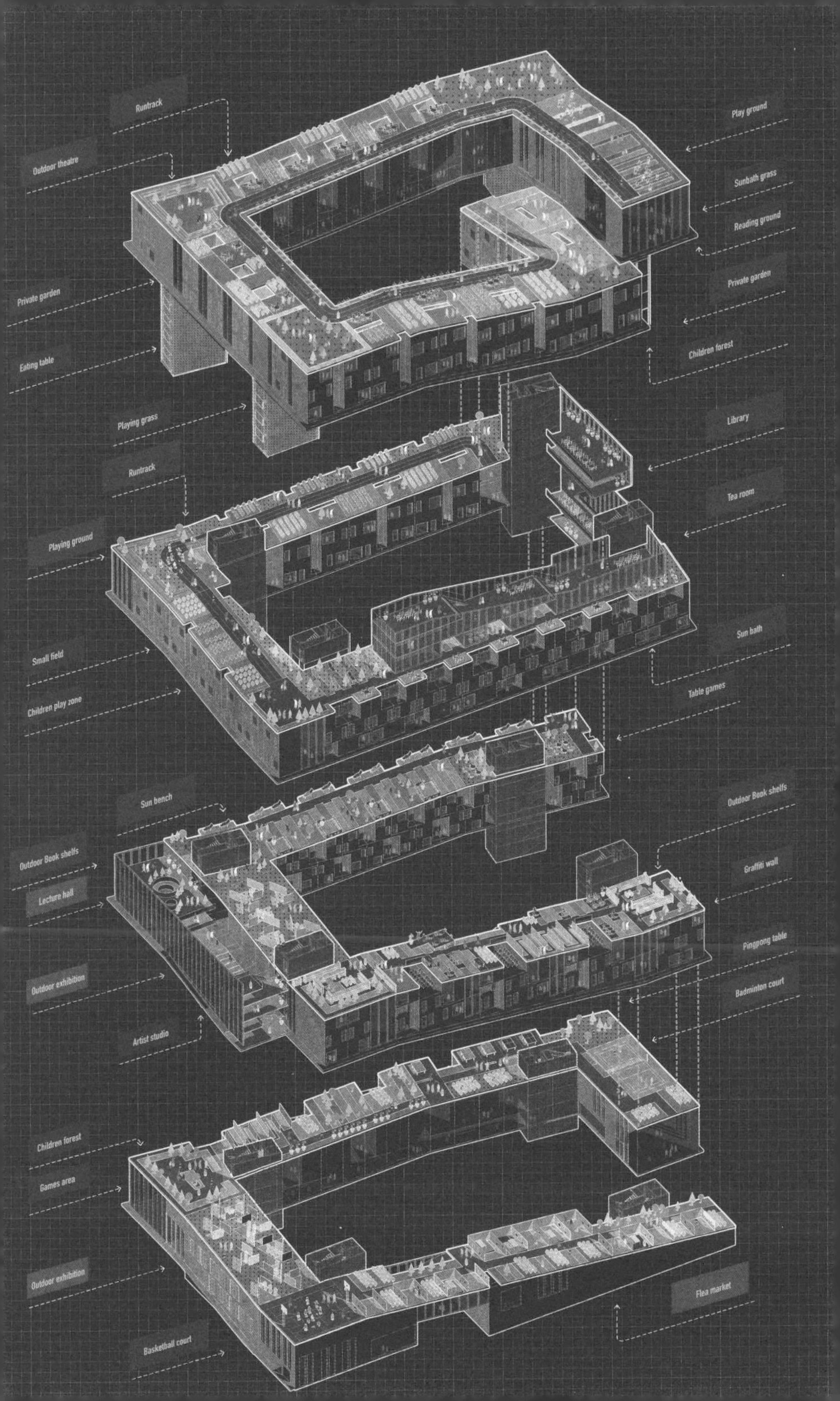
Runtrack
Outdoor theatre
Play ground
Sunbath grass
Reading ground
Private garden
Private garden
Eating table
Children forest
Playing grass
Library
Runtrack
Tea room
Playing ground
Small field
Sun bath
Children play zone
Table games
Sun bench
Outdoor Book shelfs
Outdoor Book shelfs
Lecture hall
Graffiti wall
Pingpong table
Outdoor exhibition
Badminton court
Artist studio
Children forest
Games area
Outdoor exhibition
Flea market
Basketball court

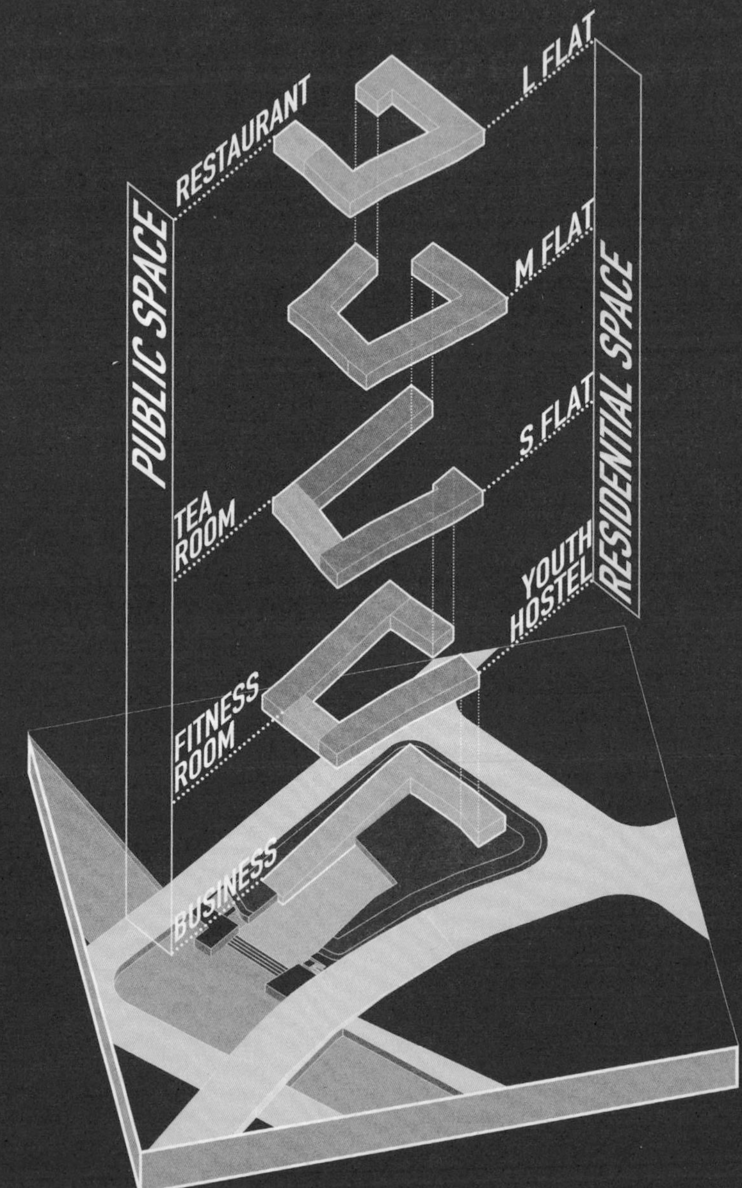
PUBLIC SPACE
RESIDENTIAL SPACE
RESTAURANT
L FLAT
M FLAT
S FLAT
TEA ROOM
YOUTH HOSTEL
FITNESS ROOM
BUSINESS

住宅类型分析图

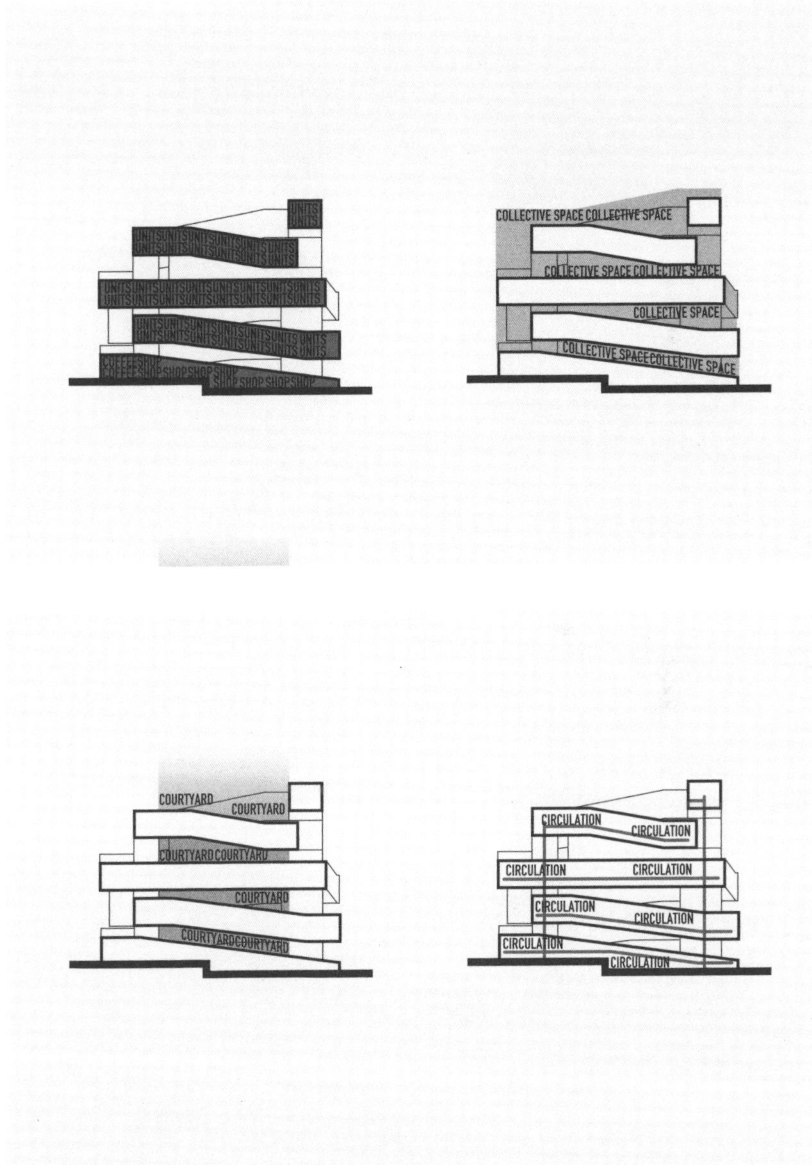

剖面分析图

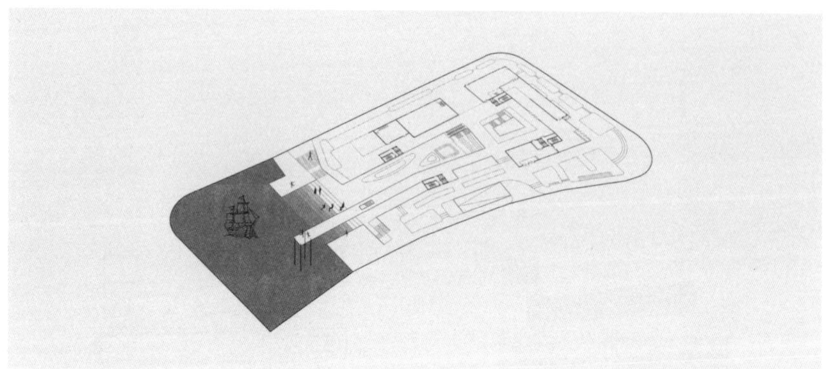

亲水景观

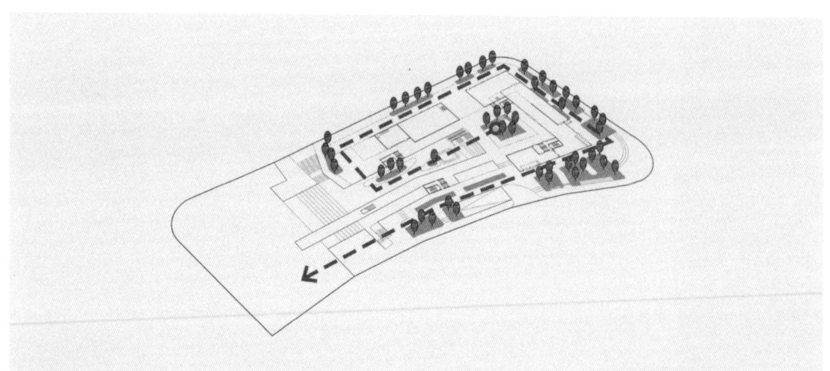

景观连续性

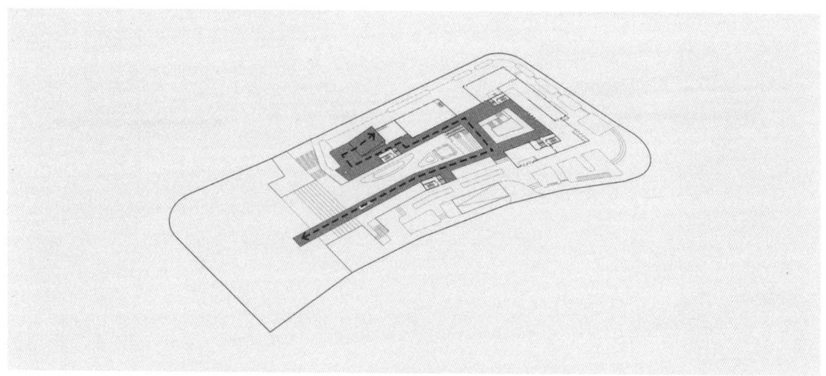

廊道连续性

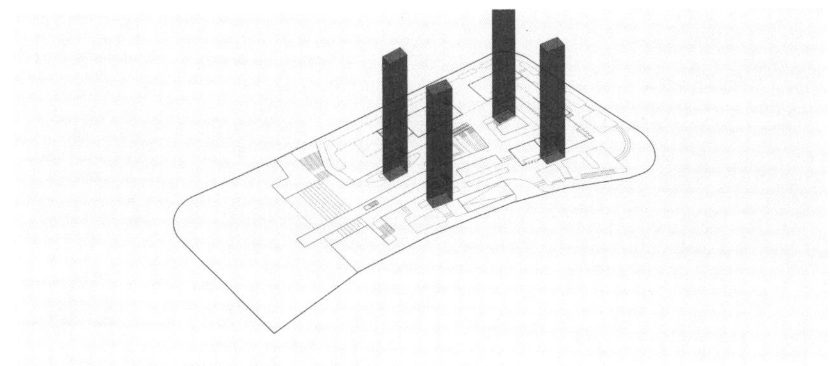

垂直交通

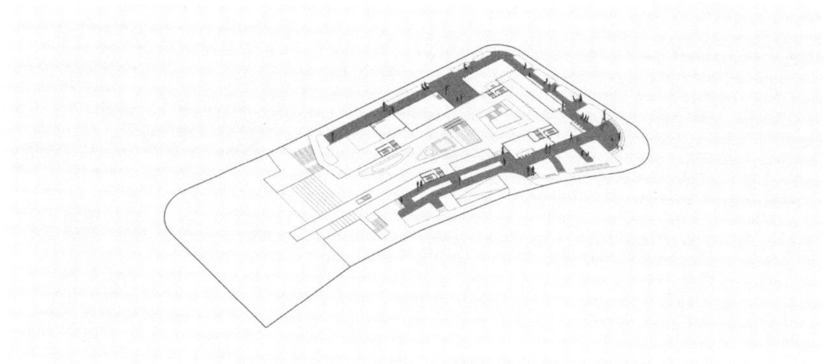

下沉环路

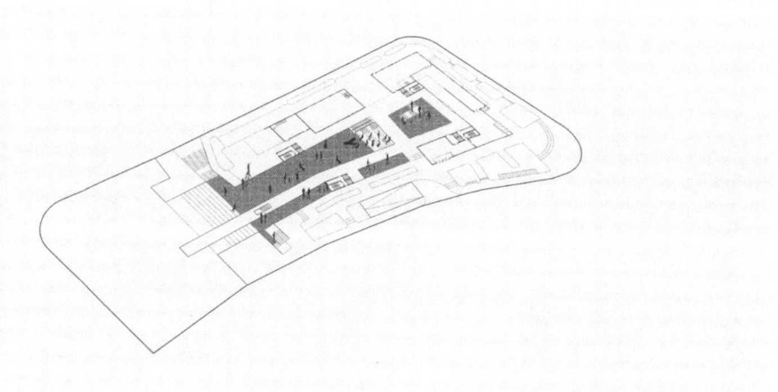

底层广场

TWISTING BOX
小可爱

Cai Qingyu, Cheng Ziyu, Jiao Wei
蔡庆瑜 / 成紫玙 / 焦威

P
2号

舞

从小可爱睁开眼睛的那一刻起，她的世界就是圆形的。

她第一次碰到的地面，是凉凉的、光滑的柚木地板。她顺着弧形的墙壁爬呀爬。

她的妈妈是一个永远单脚站立的，留着微微翘起金色短发的可爱的人。她无时无刻不在跳舞，旋转着去洗脸，旋转着去擦拭柜子，旋转着把小可爱的晚餐端来。

在小可爱的乳牙第一次松动的时候，她的妈妈旋转着，脸上带着因为快速移动而显得模糊的微笑，对她说："我们去房间外面看看吧。"

原来外面还有这么大的世界！明亮的大厅里，叔叔阿姨都在跳着舞，像妈妈一样快活地旋转着。如果两个人要对话，就得保持同样的转速，像双子星那样缠绕着运动。

大厅的中央是跳舞跳得最好的人，他有着英俊的面庞，微笑像春天的太阳一样温暖，金色的长发在旋转的时候像柔软的缎带一样好看。好多人想要和他说话，大家像行星一样围绕着他旋转，形成了一个同心圆。

他穿过行星带，巧妙地避开了所有飞速旋转的人们，来到了小可爱的面前。他说："我叫王子。"他们成了最好的朋友。王子每天会和她一起玩妈妈买的旋转人偶，拉动抽绳就会不断地跳舞，然后两人再去大厅旁边的餐厅里吃年轮蛋糕。

在小可爱穿上幼儿园制服的第一天，王子神秘地微笑着出现在她的门前："我要带你去一个更远的地方。"他捂着小可爱的眼睛，轻盈地向星星稀疏的地方转去。

不知过了多久，小可爱已经快要在王子温柔的怀里睡着，眼前那双温柔的大手突然松开了。出现在眼前的是一望无际的星海。荡漾着金属光泽的蓝黑色的水面上，无数的小星星在轻盈地飘动。王子弯下腰，小心地托起一颗小星星，放在小可爱的手心里。那颗星星闪着冰冷的、微弱的白光。仔细看，里面有一个小小的人影在转动。“原来这就是我们出生的地方啊 ……”，小可爱又小心地把星星放回水面上。

当她抬起头时，王子的表情有些忧伤。

“你怎么了？”

“明天你就要去幼儿园了，不会再回到这个世界了。”

“可是我不想离开你。”

“你必须得这样做，每个长大的人都要这样。”王子温柔地抚摸她的脸，把她卷曲的金发绕在手指上。

第二天，小可爱没有看到王子的身影。她感觉心脏像是被石头压住一样，喘不过气来。妈妈给她背好书包，带她到通向另一个星球的车站。银色的火车从遥远的天边开过来，冒出银白色的蒸汽。小可爱上了车，火车马上开动了。她赶紧趴在窗上，却只看到妈妈旋转着向她招手，她绝望地看着渐渐远去的站台。心脏的一部分像是被钉在站台上，永远地从她的身体中撕扯掉了。

食

玛利亚，小可爱的幼儿园同学，美食星人，带着滑稽的白色高帽。

“唉，又胀成球形了，每次吃完都这样，真不好意思。没办法，我管不住这张嘴啊。减肥是不可能的，只有吃饱才能勉强生活成这样子。小可爱，这就是我家。别怕，只不过是大了些的餐刀嘛。不过小心别碰到刀刃哦，嘿嘿。看，那里是压力锅，每天七点会喷出蒸汽。那边是打蛋器，它一直搅动着蛋清之海，维持着这座星球的水循环平衡。那边是肉叉，不过你可能看不到，它插着的腊肉正在九千米的高空晾晒呢。传说，在大家都再也吃不下更多东西的那天，就会有厨师之神踏着七彩祥云，降临凡间，做出宇宙中极致的美味。来，再多吃点，别客气。怎么了？你说制服的扣子崩掉了？这有什么嘛，肉肉的女孩才是最受欢迎的哦。”

幻

S65724832，小可爱的幼儿园同学，赛博星人，相貌不详。

“快走快走！后面来人了！今天的头盔真是闷，显示屏晃得我脑子

疼。别开枪！打！打啊！唉！我没了。你们的头盔有故障没？我也就戴了三个月，怎么这么快就坏了。那天还在主机那里跟别人混战得好好的呢。你倒是打啊！往左！往左！你是不是傻啊？我跟你说了往左！这些小学生把素质广场搞得乌烟瘴气的。你倒是快打啊！”

兽

DAKA，狗星人，小可爱的同级生，但是大好多，所以看起来一点都不像幼儿园生。

“好热！哈嗤哈嗤！小！口盖！午餐！给我！哈嗤哈嗤！好吃！滚开！你的！也！给我！哈嗤哈嗤！好吃！滚开！都是！我的！哈嗤哈嗤！好吃！滚开！主任！来了！快跑！哈嗤哈嗤！好想！回家！草坪！好爽！哈嗤哈嗤！全是！我的！快跑！没有！尽头！哈嗤哈嗤！我的！”

技

卓安娜，小可爱的幼儿园同学，科技星人，聪明，优秀。

“哈哈今天又考了一百分，多亏了昨晚和伙伴在大桌子那里讨论了考试的要点。只要掌握了游戏规则，就没有什么麻烦事儿了。正如鲁迅所说的，Life is a game。小可爱，你给我看看你的卷子呗。什么，这有什么害羞的？来，看看我最新款的手机呗。哎哟，又在看车站那边啦。我跟你说，爱上一个年老的男人可是很辛苦的哦。哈哈，脸红什么，我早就看出来了。我？这么麻烦的事情我才懒得去做呢。我才不相信那些不能用数据量化的事情。拜拜！我先走了。顺便一提，这辆车比你们的蒸汽火车快一百倍左右吧，哈哈。”

终

小可爱的胸闷越来越严重，每天坐在海边的平台上，盼望着王子的出现。

“你怎么在这里，小心别着凉了。”

是王子！小可爱急忙站起来，痴痴地望着他。

“学校真是太傻瓜了。”

“为什么这么一直地看着我？别这样，太让人害羞了。”

“真的，上学后都没有什么好事。你看，我们两个单独相处的时间也没有了。还是以前那个样子比较好……退学，然后去别的星球吧！”

“为什么要这么做？”

“不好吗？到处转转。你不愿意吗？”

“小可爱不能做这种事。”

“可是王子不也是喜欢我的吗？”

王子露出了惊讶而困惑的表情，小可爱紧绷的心仿佛突然被碾碎了。一段尴尬的沉默后，王子转身走了。小可爱坐在沙滩上，像是被抽掉了所有的力气，不能挪动一根手指，甚至是转过头去看他走开的背影。浪花缓慢地拍打着海岸，仿佛已经有一千亿年没有变过。

二十年后

Handi，园艺家，现居工艺星。

“我想我遇到了这辈子最爱的人。我忘不了在电车的月台上第一次遇到她，她的后颈像是玉兰花那般苍白而脆弱。她回头看我时，一头松软的金色卷发在空中散开，在逆光的夕阳下仿佛娇嫩的花蕊，惹人怜爱。但是我怎么可能敢跟她交谈，我是这么无能、懦弱、低贱的一个手艺人。昨天，她提出来要学习插花，我小心翼翼地握住她的手，仿佛易碎的瓷器。我们依偎在一起不知多久，太阳已经西斜。阳光透过栏杆的间隙，照射到湿润的花瓣上，在水滴上反射出晶莹的金属般的光芒。她的眼睛仿佛失神一般，似乎飘向了某个美丽的远方。她的手像是溺水的人抓住木板那样捏着我的手，我想象不到那么纤细的手指中有这么大的力量。

‘怎么了？’我问她。

她才慌忙松开手，仿佛从一个长梦里醒来。‘我只是不想失去你罢了。’小可爱把头轻轻地放在我的肩上，温柔地说道。当然不会了，我真想告诉她，你就是我永远要爱的人。”

两个星期后

玛丽莎，小可爱在公司的好友。

“我的脸色太差？还不是小可爱昨晚又来找我夜聊。说是又分手了，哭哭啼啼的，讲个没完。一回头都凌晨四点了，好不容易放下电话，脑子里嗡嗡嗡的，都是她那些男友的破事。你说说，她都有过几任男朋友了？哎呀，三天两头地换，我见过的少说也有十来个了。别说，男人还就喜欢她这种看起来娇滴滴、清纯的……诶，小可爱，你也来啦？我跟你说，男人没一个好东西！看开点，明天又是新的一天嘛。”

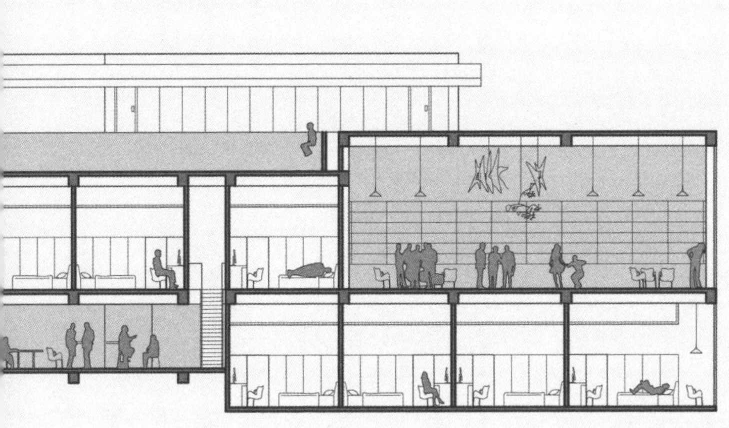

酒店单元剖面图

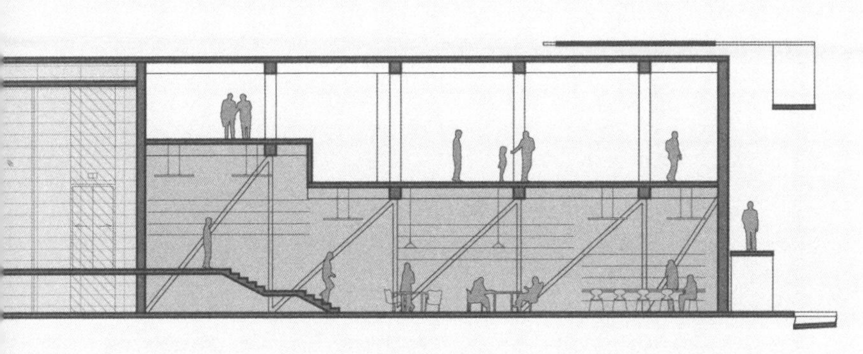

餐饮单元剖面图

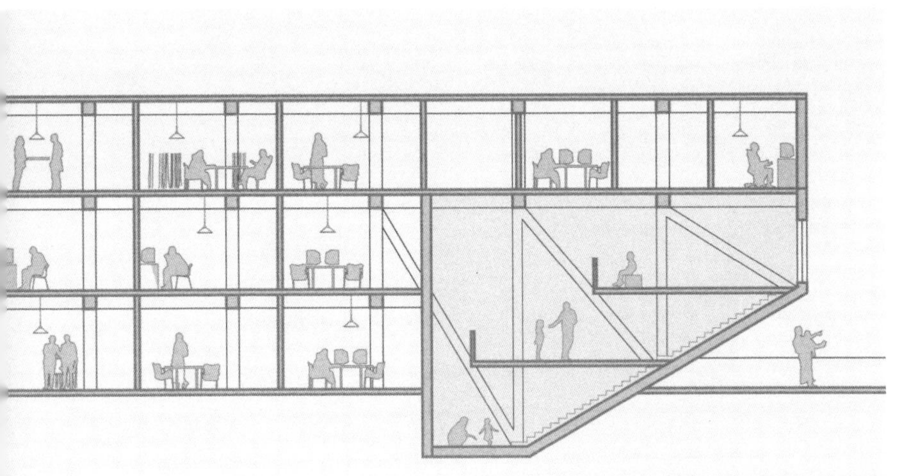

机房单元剖面图

舞蹈单元剖面图

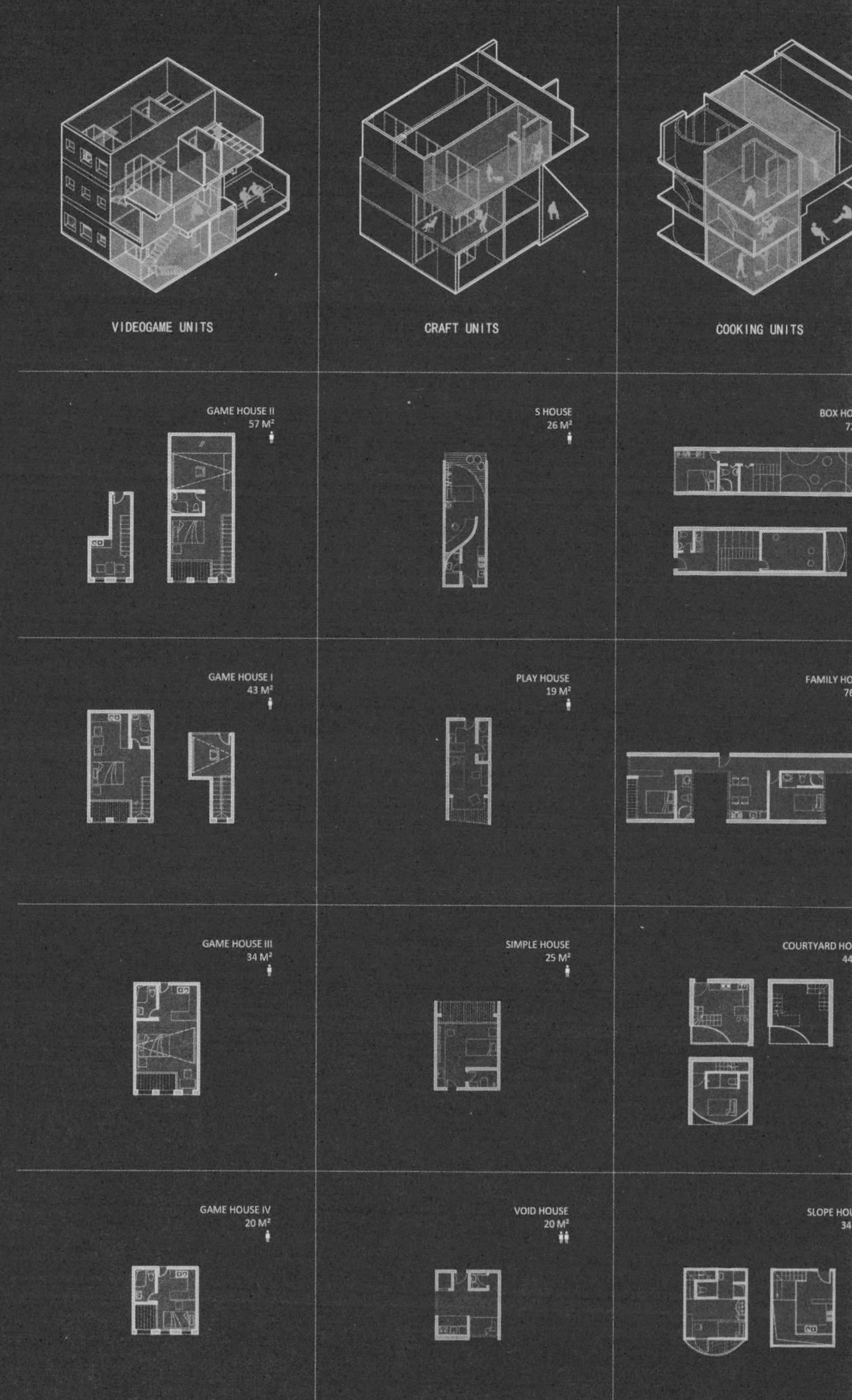
VIDEOGAME UNITS
CRAFT UNITS
COOKING UNITS
GAME HOUSE II
57 M²
S HOUSE
26 M²
BOX HOU
72
GAME HOUSE I
43 M²
PLAY HOUSE
19 M²
FAMILY HOU
76
GAME HOUSE III
34 M²
SIMPLE HOUSE
25 M²
COURTYARD HOUS
44
GAME HOUSE IV
20 M²
VOID HOUSE
20 M²
SLOPE HOUS
34 M

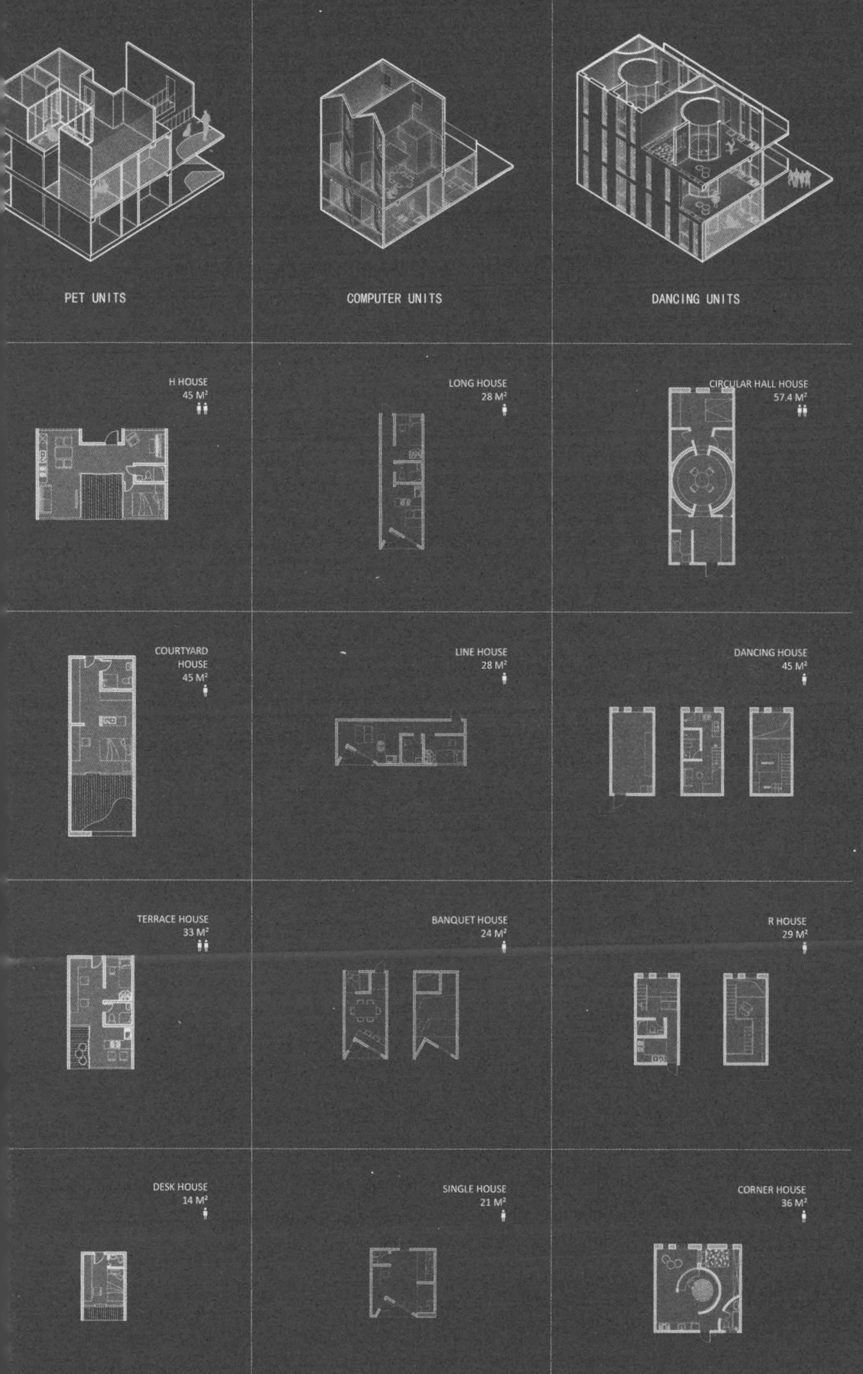
PET UNITS
COMPUTER UNITS
DANCING UNITS
H HOUSE
45 M²
LONG HOUSE
28 M²
CIRCULAR HALL HOUSE
57.4 M²
COURTYARD
HOUSE
45 M²
LINE HOUSE
28 M²
DANCING HOUSE
45 M²
TERRACE HOUSE
33 M²
BANQUET HOUSE
24 M²
R HOUSE
29 M²
DESK HOUSE
14 M²
SINGLE HOUSE
21 M²
CORNER HOUSE
36 M²

户型分析图

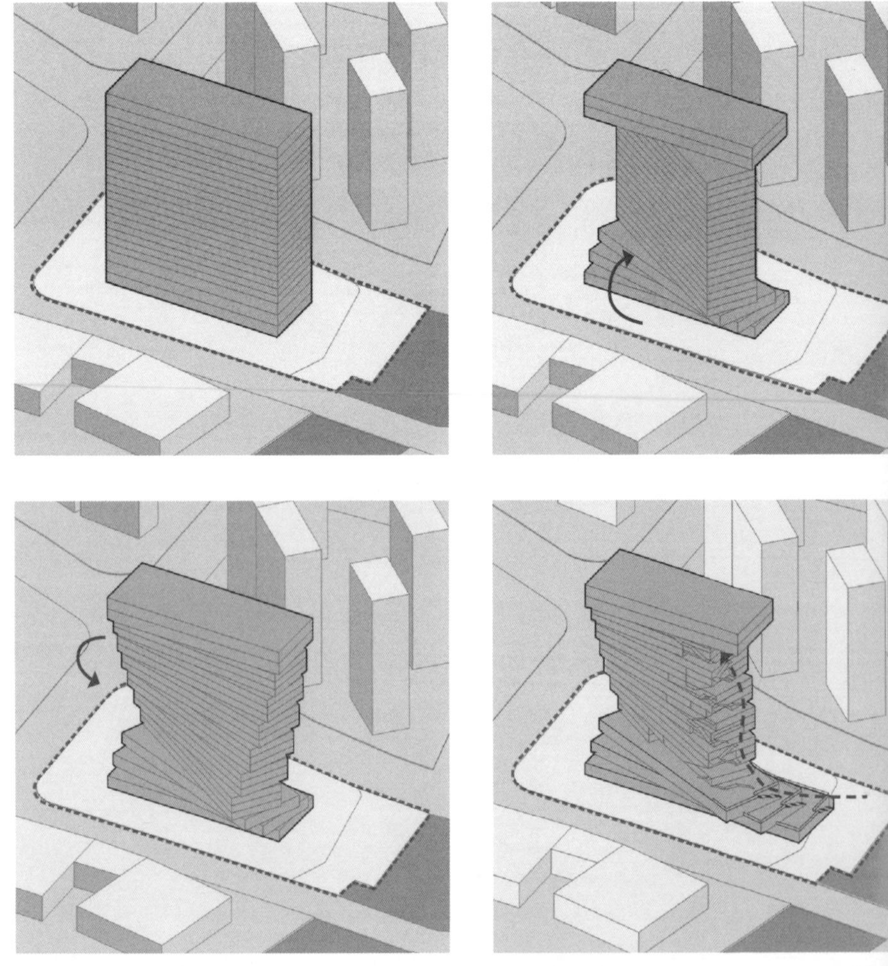

建筑形态分析图

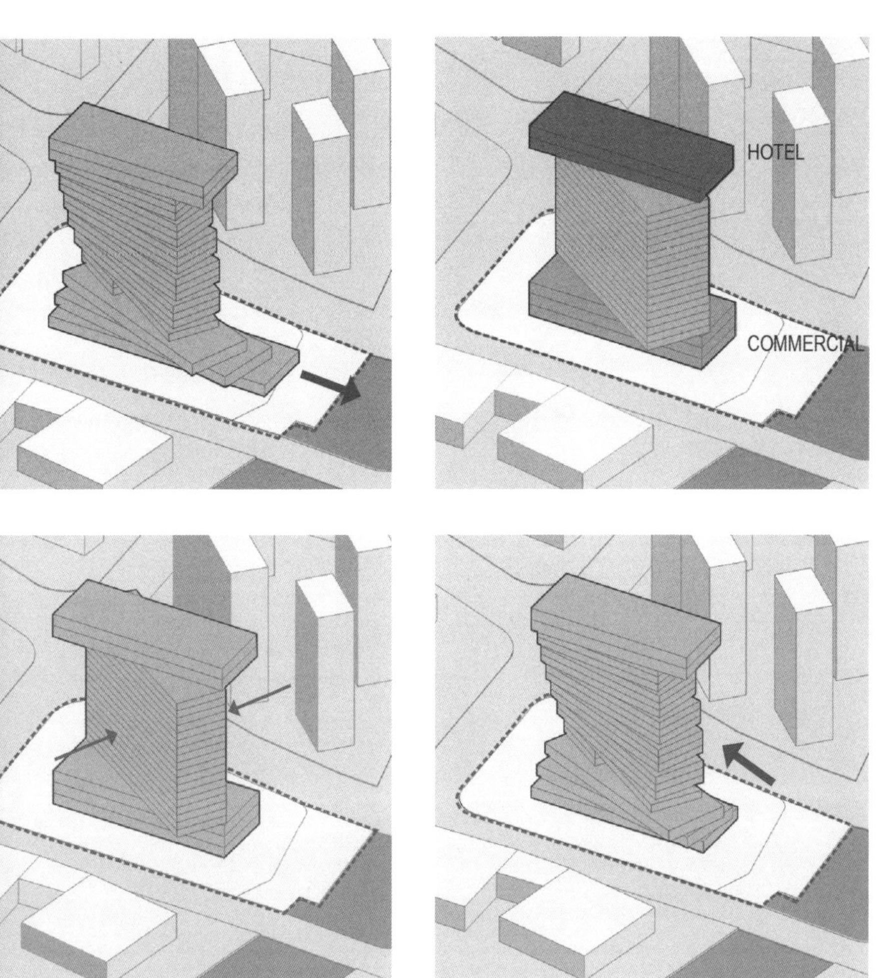

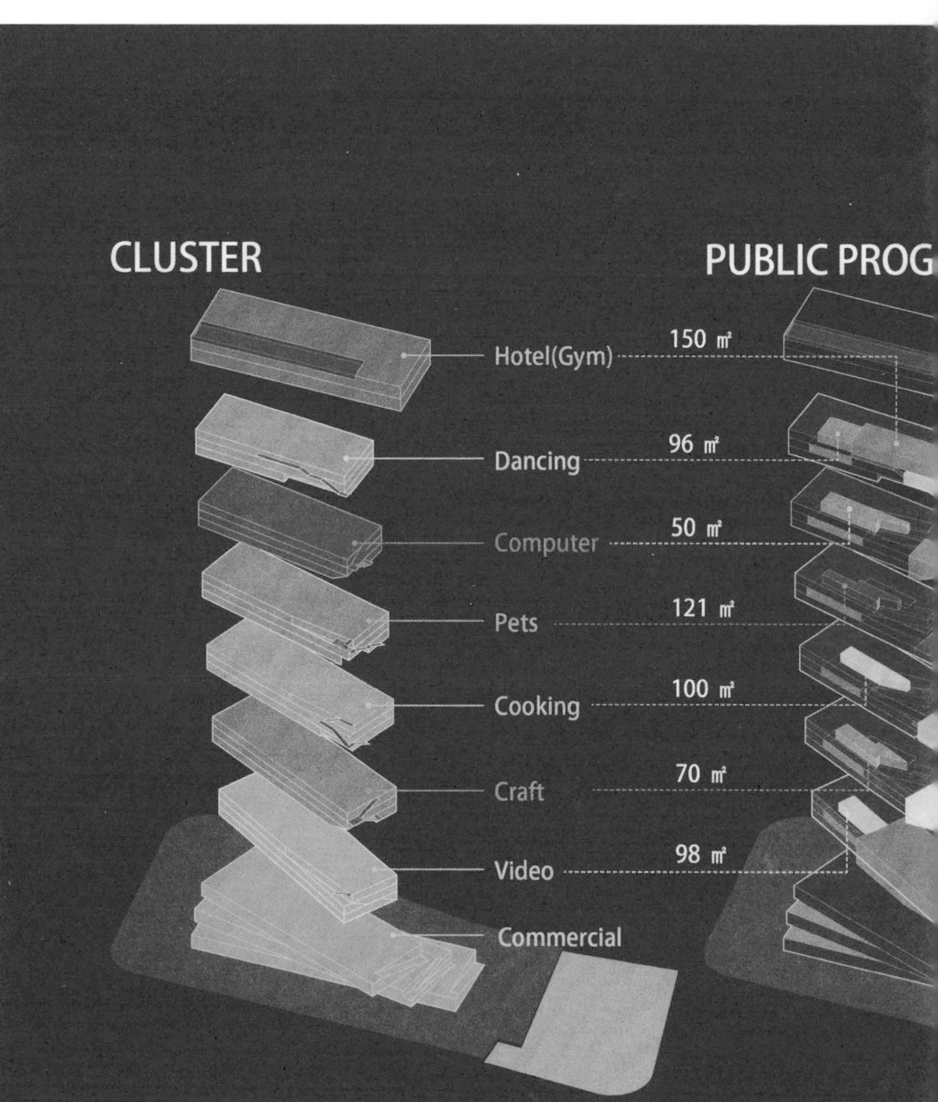
CLUSTER
PUBLIC PROG
150 ㎡
Hotel(Gym)
96 ㎡
Dancing
50 ㎡
Computer
121 ㎡
Pets
100 ㎡
Cooking
70 ㎡
Craft
98 ㎡
Video
Commercial

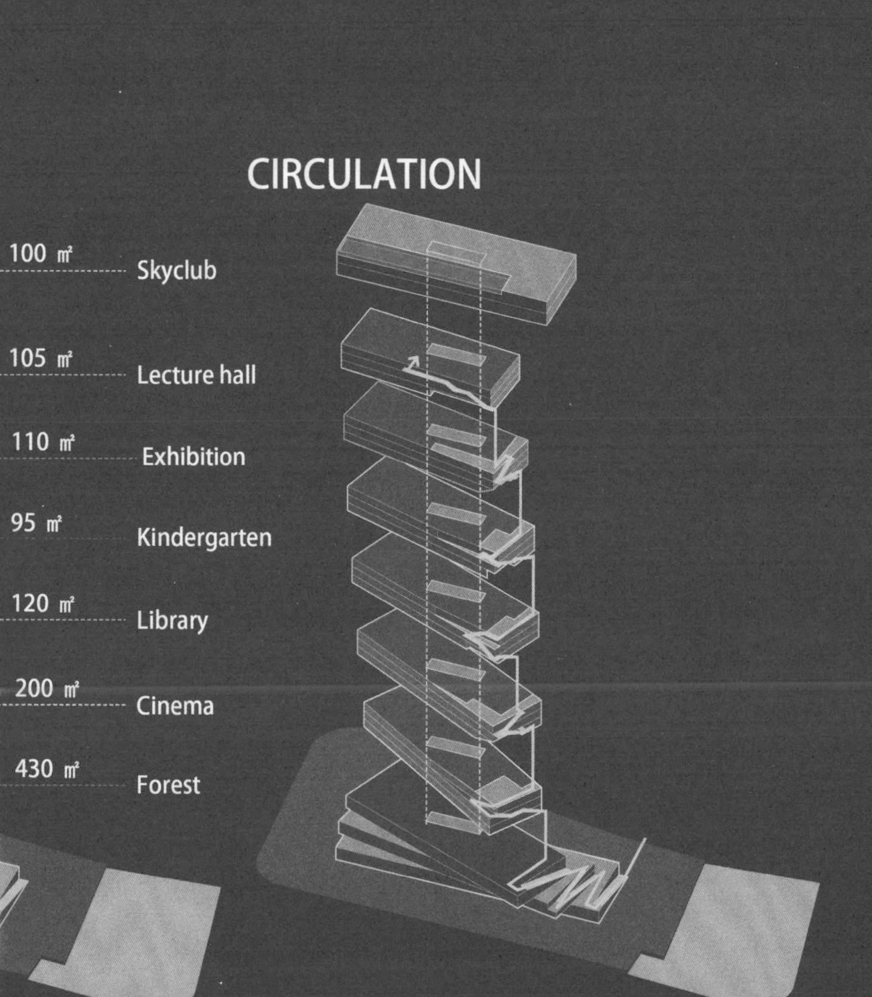
CIRCULATION
100 ㎡
Skyclub
105 ㎡
Lecture hall
110 ㎡
Exhibition
95 ㎡
Kindergarten
120 ㎡
Library
200 ㎡
Cinema
430 ㎡
Forest

功能分解示意图

图书在版编目（CIP）数据

宅城笔记：MVRDV同济教学实验 / 王一，董屹，
叶宇编著. -- 上海：同济大学出版社，2020.4
（李德华&罗小未设计教席系列教学丛书）
ISBN 978-7-5608-8948-1
Ⅰ. ①宅… Ⅱ. ①王… ②董… ③叶… Ⅲ. ①建筑
设计-作品集-中国-现代 Ⅳ. ①TU206
中国版本图书馆CIP数据核字(2020)第018908号

李德华&罗小未设计教席系列教学丛书
宅城笔记
MVRDV同济教学实验
王一/董屹/叶宇　编著

出版人：华春荣
责任编辑：晁艳
助理编辑：王玮祎
平面设计：KiKi
责任校对：徐春莲
版　次：2020年4月第1版
印　次：2020年4月第1次印刷
印　刷：上海安枫印务有限公司
开　本：787mm×1092mm 1/32
印　张：5.75
字　数：155000
书　号：ISBN 978-7-5608-8948-1
定　价：58.00 元
出版发行：同济大学出版社
地　址：上海市四平路1239号
邮政编码：200092
网　址：http://www.tongjipress.com.cn